JN023721

理系なら知っておきたい

データサイエンスのエッセンス

山﨑 達也 著

学術図書出版社

● Microsoft と Excel は米国 Microsoft Corporation の米国及びその他の国における登録商標です．

● その他，記載されている会社名，製品名は，各社の商標及び登録商標です．

まえがき

　令和元年に内閣府より出された「AI 戦略 2019」では，人材，産業競争力，技術体系，国際の四つの戦略目標が設定され，その目標達成に向けた具体的目標と取組が示されました．教育に対しては，「未来への基盤作り」の一環としての教育改革の中で「数理・データサイエンス・AI」の基礎力としての必要性が盛り込まれ，その後着実に「数理・データサイエンス・AI」教育の体系化が進められています．そのような中で，大学レベルでは，「数理・データサイエンス・教育認定制度」が内閣府，文部科学省及び経済産業省により創設され，リテラシー教育と標準化教育を大学生全体に浸透させるための施策が講じられています．更に高等学校の教育課程においても，2022 年度より「情報 I」が必修化され，2025 年度の大学入学共通テストから教科「情報」が追加されることになっています．高等学校の情報教育から大学のデータサイエンス教育への連携の重要性が，ますます高まってきました．

　本書の前身にあたる『データサイエンス概説』(学術図書出版社) は，このような背景に基づき，大学の教養課程においてあらゆる学部の学生に学んでもらうことを想定して，データサイエンスの大まかな枠組みと基礎的な事項をまとめた入門書として上梓されたものでありました．同書は，数学や理科系の教科の単位をあまり取得していない学生にも理解しやすいように，データサイエンス全体を概説したため，いわゆる理系の学生には物足りない部分があったのではないかという点は否定できません．

　そのため本書は，大学教養課程向けのデータサイエンス入門書という位置付けはそのままに，理系学生のより深い学びにつながるように，前書を改訂しました．特に，実験等におけるデータの扱いや，実際にデータに触れた学習ができるように Microsoft Excel によるデータ分析が追加され，より実践的な内容となっています．また，章末問題を見直すとともに解答を巻末に加えました．

　タイトルに「エッセンス」と入っているように，データサイエンスを学ぶ上でここだけは押さえておいてもらいたいキーポイントを凝縮しました．そういう意味ではデータサイエンス初修者向けの教科書となっています．「理系」をタイトルに冠したのは，実験におけるデータ計測やグラフを用いた可視化，そして Microsoft Excel を用いたデータ分析を盛り込んだからです．しかしながら，これらは何も理系に限ったことではないので，いわゆる文系の学生にも是非手に取ってもらいたいと考えています．

　本書を執筆するにあたり，新潟大学工学部内でデータサイエンス検討ワーキンググループが設置され，内容について様々なアドバイスをいただきました．ワーキンググループメンバーで

あった同大学の，飯田佑輔先生，大嶋拓也先生，金澤伸一先生，櫻井篤先生，佐々木重信先生，佐々木朋裕先生，白川展之先生，高橋剛先生，多島秀男先生，中野智仁先生，前田義信先生 (五十音順) に心より感謝申し上げます．

　また，NTT コムウェア株式会社より図版の提供など多大なご協力をいただきました．重ねて感謝申し上げます．

2024 年 2 月

山﨑 達也

目　　次

第 1 章
データサイエンスの必要性

　一般にデータとは，様々な事実や現象などを数字，文字，記号等により表現したものである．科学や工学においても実験等で得られた結果を記録したものがデータとして扱われ，研究開発を行う上でデータを適切に処理することが求められる．データには客観性と再現性が求められ，誰もが同じように把握でき，扱うことができなければならない．日本工業規格 (JIS：Japanese Industrial Standards) の「X0001 情報処理用語 – 基本用語」では，データは「情報の表現であって，伝達，解釈又は処理に適するように形式化され，再度情報として解釈できるもの」と定義されている．更に，情報は「事実，事象，事物，過程，着想などの対象物に関して知り得たことであって，概念を含み，一定の文脈中で特定の意味をもつもの」とあり，いつでも誰もが扱えるデータから特定の文脈に応じた情報が引き出されると理解することができる．

　データサイエンスという言葉は 1960 年代から使われ始めたという説があるが，現在のように広く使われ出したのは 2010 年頃といわれている．データサイエンスとは何かという問いに唯一無二の答えを出すことは難しいが，様々な課題に対してデータを科学的に分析することにより，解を見出そうとするアプローチの総称と考えてよいであろう．もちろんデータ分析は様々な分野で従来から行われていた手法であり，その根幹には統計学が欠かせない存在であった．一方で，20 世紀の終

図 1.1　ディジタル化が進む社会

わりから広く社会に普及した技術としてコンピュータやインターネットがあり，近年のデータサイエンスの急速な広がりに密接な関わりがある．

　理系において「データ」といえば実験によって得られるものというイメージが強いかもしれないが，データサイエンスで扱うデータはより広い範囲にわたるものとイメージしてもらった方がよい．図 1.1 はイメージ図になるが，現在我々の身の回りでは様々な場面でコンピュータが利用され，様々な情報がディジタル化されたデータとして扱われていることを示している．そのため，本章ではコンピュータの歴史とデータとの関わりから始め，現在のディジタル社会

というものを広くとらえた上で，そこで必要とされているデータサイエンス及びデータサイエンティストについて触れていく．

1.1 データとコンピュータ

コンピュータの訳語は計算機であり，文字通り計算する機械の総称である．世界最初の真空管を用いた電子式コンピュータは ENIAC (Electronic Numerical Integrator And Computer) であり，1946 年に稼働を開始した．その後，集積回路 (IC：Integrated Circuit) の発明，IC の小形化や低廉化が年々進み，現在は身の回りのあらゆるものにコンピュータが組み込まれるようになった．同時にコンピュータ同士をつなぐインターネットの出現は革命とも呼ばれるほど我々の社会を変革し，今やなくてはならない社会基盤の一つとなっている．インターネットの前身は米国の ARPANET (Advanced Research Projects Agency NETwork) と呼ばれる軍事ネットワークであり，あらかじめルートが決められた通信回線がないような状況でも，コンピュータが相互に通信ができるようにするものであった．この技術が世界的に標準化され，インターネットとして民間に広まったのが 1990 年代である．インターネットを利用してコンピュータ同士が情報をやり取りするための手段は様々あるが，特に WWW (World-Wide Web)[1]技術が電子商取引，検索，情報発信などのサービスを利用可能とし，インターネットはライフラインの一つになってきている．特に最近では，小形，安価，高性能のコンピュータが内蔵された様々な機器や製品がインターネットにより相互に接続され，IoT (Internet of Things) と呼ばれるモノのインターネットとして利用されている．

図 1.2 に，コンピュータの利用形態の大まかな変化を表す．PC (パソコン) は Personal Computer の略であり，1980 年頃から一般に普及し始めた．それ以前は大型の汎用コンピュータが業務用や科学技術計算用に用いられていた．汎用コンピュータはメインフレームとも呼ばれ，複数の人が一台のコンピュータを共用するためにバッチシステムやタイムシェアリングシステムの仕組みが用いられていた．汎用コンピュータや普及当初のパソコンはネットワーク接続はなく，それ単体で用いられるスタンドアロンという形式であった．データ等を相互に交換できれば効率化が図られるとの考えは当時からあり，コンピュータ同士でデータ交換を行うネットワーク技術の研究開発が進められていたが，このコンピュータネットワークを世界規模で一般化したのがインターネットである．現在では，必要なデータはインターネット上のデータセンタにあり，いつでもどこでもどの端末からでも同じサービスが受けられるクラウドコンピューティング (クラウドサービス) が広く普及している．

コンピュータの内部では，電圧が低いときを 0，高いときを 1 の状態として割当て，様々なデータを 1 と 0 の組合せとして表現している．この 0 または 1 が情報の量の最小であり，ビット (bit) という単位で表される．なお情報の量の単位にはバイト (byte) もあり，1 バイトは 8

---

[1] 本書では World-Wide Web を単に Web と省略する．

スタンドアロン　　　　　インターネット　　　　クラウド
　　　　　　　　　　　　　　　　　　　　　　コンピューティング

図1.2　コンピュータとインターネットの変化

ビットである．コンピュータ内部のデータ表現のように，0と1の二つの数字だけで数値を表現する方法を二進法と呼ぶ．

　上記のように飛び飛びの数値だけで表すデータはディジタルデータと呼ばれ，これに対して連続的な数量で示されるデータはアナログデータと呼ばれる．ディジタルデータには，複製が容易，耐雑音性，伝達や蓄積が容易，可逆圧縮性などの特徴がある．コンピュータとインターネットが日常的なものになった現代では，様々な機器やサービスがアナログからディジタルへと変わってきている．例えば，カメラ，放送，CD (Compact Disc) など身近にある多数のものがディジタル化されている．そして，COVID-19 (COrona VIrus Disease 2019) の世界的な大流行は我々の生活を一変させ，インターネットによるオンライン会議や講義 (授業) が日常的になり，様々なインターネットサービスの利用も大きく広がった．その結果，全世界で1年間に生成されたディジタルデータ量は2020年は約64ゼタバイトといわれ，2025年には約175ゼタバイトに達すると予想されている．

　ビジネスの世界では，ある業務プロセスの中でプロセスそのものは変化せずに，アナログデータをディジタルデータに変換することはディジタイゼーション (digitization) と呼ばれている．更に一歩進んで，個別の業務や製造のプロセス全体をディジタル化することはディジタライゼーション (digitalization) と呼ばれている．例えば，工事現場において各段階の施工状況などを写真に記録しておくことは，工事が適切であったかの証明になるなど，工事の中で必要な作業の一つである．記録写真をフィルムを使うアナログ写真から，ディジタルカメラで撮影するディジタル写真に置き換えることはディジタイゼーションに相当する．更にディジタル写真に付随する日時情報や位置情報を含めてデータ化し，工事の施工過程ごとにまとめたり，工事の場所により写真をまとめて管理するなどして，業務を更に効率化することがディジタライゼーションに相当する．

1.2　ディジタル社会で必要とされるデータサイエンス

　ただ単にデータをディジタル化するだけではなく，近年はディジタルテクノロジーを駆使した経営の在り方やビジネスプロセスの再構築に注目が集まっており，この概念はディジタルト

ランスフォーメーション (DX：Digital Transformation) と呼ばれ，2004 年にスウェーデンのストルターマン (Stolterman) 教授[2]が提唱したとされる．DX の例としては，ディジタル技術を利用したテレワークやシェアリングサービスが挙げられる．最近では，DX という言葉はビジネスにおいて用いられることが多く，この場合は，顧客や競争相手等の環境の変化に対応して，ディジタル技術とデータを活用して業務プロセスのみならず，組織や企業の文化までも変革して，ビジネスにおける競争上の優位性を確立することを目指すようなことが多い．ディジタイゼーションやディジタライゼーションは，DX を実現するための前段階として位置付けられる．しかしながら，ストルターマン教授が定義した DX は「ICT の浸透により，人々の生活があらゆる面でよりよい方向に変化すること」であり，DX により実現すべき社会像はやや異なるようである．

このようにディジタルデータにより変革が進む社会はデータ駆動 (data-driven) 社会と呼ばれることがあり，今日ディジタルプラットフォームを運用する巨大 IT (Information Technology) プラットフォーマの台頭が著しい．ディジタルプラットフォームとは，インターネット上のショッピングモール，フリマサイトやマッチングサイトなどであり，大量の取引データや検索データの収集が可能である場のことである．現在は巨大 IT プラットフォーマとして，主に米国や中国の企業がインターネットサービスを展開しているが，データの囲い込みや正当な競争の制限に対して警戒が必要である．

これまで述べたように，DX の概念は一つに統一されているわけではなく，ここにディジタイゼーションやディジタライゼーションのレベルのディジタル技術の利用も含めて，全体を敢えてカタカナでディジタルトランスフォーメーションと書けば，既に我々の社会のいくつかの場面でディジタルトランスフォーメーションによるサービスの変化が現れてきている．図 1.3 では四つの事例が示されている．第一の例がカーシェアリングサービスで，借りる車をインターネット上で予約すれば実際の車の解錠は電子的に行え，支払いも電子的に行えるので，対面でのやり取りが不要になっている．カーシェアリングサービスはディジタライゼーションの例としてしばしば取り上げられている．第二の例が IoT などのディジタル技術を取り入れた重機の自動運転であり，重機には人が乗らずに遠方から操作することが可能となるため，危険作業リスクの改善，作業の効率化につながり，建設現場でのディジタルトランスフォーメーションに位置付けられる．在宅ワークとオンライン診療はネットワーク上の高品質な映像伝送サービスの進展により実現したもので，社会に浸透するに従って就労規則や診療報酬を実態に合わせるように変更されてきており，社会全体が変化する方向になっている点は本来の DX に近いと考えられる．

このような社会の変化に伴い，多種多様なデータを横断的に処理及び分析し，有用な価値を引き出すことがあらゆる分野で求められており，そこに必要とされるスキルや知識を扱う分野がデータサイエンスであるといえよう．データサイエンスはしっかりと体系立った学問領域

---

[2] 2023 年現在は米国インディアナ大学所属．

図 1.3　ディジタルトランスフォーメーションの例

とはいい難く，実社会におけるデータ分析が先行している状況であるが，従来の統計学やコンピュータサイエンスに加え，人文科学の知識も必要とされる新しい科学である．そしてデータを扱うために必要なこれらの知識やスキルを身に付けたデータサイエンティストが，21 世紀の新しい職業として生まれてきたのである．

　以前より IT 関連技術の進展の速さを，犬の 1 年の成長が人間の約 7 年の成長に相当することからドッグイヤーという言葉で呼ばれてきたが，これはデータサイエンスにも当てはまり，社会の様々な分野でのデータの利活用は急速に増加している．一方で急激にニーズが高まっているデータサイエンティストの数は，まだまだ十分ではない．特に日本ではデータサイエンティストが圧倒的に不足しており，その育成により一層力を入れていかなくてはならない．

1.3　データサイエンティストに求められるスキル

　前節で，データを扱うために必要な知識やスキルを身に付けた人をデータサイエンティストと呼んだが，具体的に必要なスキルは図 1.4 に示すように，データサイエンス力，データエンジニアリング力，ビジネス力の大きく三つのカテゴリから構成される．これらは，一般社団法人データサイエンティスト協会の「データサイエンティスト スキルチェックリスト」に基づくもので，個別に見ると，データサイエンス力は統計数理や情報科学などの数量的にデータを分析する力であり，データエンジニアリング力はデータサイ

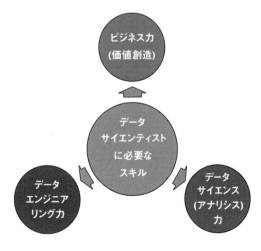

図 1.4　データサイエンティストに
求められる三つのスキル

エンスをコンピュータ関連技術を駆使して実装及び運用し，データを意味のある形に使えるようにする力，そしてビジネス力は取組むべきビジネス課題を整理し，その背景を理解した上で解決していく力である．すなわちデータサイエンティストとは，データサイエンス力とデータエンジニアリング力をベースに，データから価値を創出し，ビジネス課題を解決するプロフェッショナルといえる．ただし，一人の人間が三つのカテゴリで高いレベルを保持する必要はなく，実際のビジネスの場面ではチームを組んで各自が得意なスキルを活かして課題に取組むことが多い．そのためコミュニケーション力もデータサイエンティストには必須であり，これはビジネス力の一つと考えられる．

1.4 データサイエンスサイクル

データサイエンス力，データエンジニアリング力，ビジネス力の三つのスキルをデータ分析に適用する一般的な流れを，一連のサイクルとして図 1.5 に示す．まず何らかの課題を抱える人，これはビジネスにおける顧客に相当するが，そのような人から課題の背景などを分析し，解決すべき問題を設定する．次に設定された問題に対して解決の手順を設計し，必要と考えられるデータの収集を行う．収集されたデータはまずデータエンジニアリングにおいて，コンピュータによる分

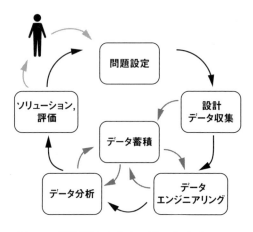

図 1.5 課題解決のためのデータサイエンスサイクル

析の準備として整形や特徴量抽出などの処理が行われる．その後データ分析において，情報工学や統計学を用いて問題に対する解を導き出す．データエンジニアリングで加工されたデータや，データ分析の結果などは必要に応じデータベースに蓄積される．最後に，最初の課題に対するソリューションとしてまとめ，課題を抱えていた人に提示し，必要に応じて課題解決に不十分な点は再度サイクルを回し，最終的に満足できるソリューションに到達するようにする．

章 末 問 題 1

問1 自分自身の専門分野でどのようなデータが用いられているか，調べよ．

問2 データサイエンティストに求められるスキルを調べよ．

第 2 章

データに関する基礎的事項

データ (data) の単数形は datum であり，これはラテン語で「与えられたもの」という意味がある．この原意に基づけば，データは何らかの事象により生み出され，私たちに与えられ共有されたものであるので，正しく有効に利用しなくてはならない．また，データには「客観的で再現性のある事実や数値，資料」という意味があり，計測により得られた数値だけがデータでないことにも留意したい．

2.1 アナログデータとディジタルデータ

アナログ (analog) は「連続的な」，ディジタル (digital) は「離散的な」という意味であり，変化の仕方の違いを表す場合に用いられることがある．例えば，針が連続的に動いて時刻を示すアナログ時計と，0 から 9 の数字で時刻を示すディジタル時計が，この対比に該当する．アナログデータ (アナログ情報) とディジタルデータ (ディジタル情報)[1] という場合は，前者は連続的に変化する物理量を表し，後者は前者を段階的に区切って離散的な形式に変換したものといえる．

一つの例として，音をデータとして扱う場合を考える．音は空気の振動が連続的に変化することで伝わり，この振動の変化を電圧の変化 (電気信号) に変えるのがマイクロホンである．図 2.1 の左側はマイクロホンにより得られた電気信号を表している．この段階ではまだアナログデータである．ディジタルデータへの変換は通常二段階で行われ，まず第一段階で電気信号を一定の時間間隔で区切り，区切った時刻ごとに電圧の大きさを取り出す．これを標本化 (サンプリング) と呼ぶ．次に第二段階では，電圧を一定間隔に区切り，標本化で取り出した値を区切った電圧の値の中で最も近い値に変換する．これを量子化と呼ぶ．ここまでの結果が図 2.1 の右側に示されており，データは離散的になっている．更に，標本化と量子化で取り出された値を一定の規則で 0 と 1 に変換する符号化を適用すれば，コンピュータ内部で扱われる二進数でデータを表すことができる．

このように，連続的なアナログデータを離散的なディジタルデータに変換することが A/D (Analog/Digital) 変換である．A/D 変換は AD 変換や A-D 変換と表記されることもある．データサイエンスが対象とするデータはディジタルデータであり，アナログデータは A/D

---

[1] アナログ信号とディジタル信号という対比の場合もある．

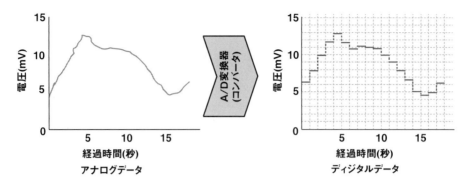

図2.1　A/D変換のイメージ

変換でディジタル化する必要がある．なお，文字も一定のルール(文字符号化方式)に従ってコンピュータが扱える数値(バイト列)に変換され，ディジタルデータとして扱うことが可能である．

2.2　データの統計学的な分類

2.2.1　数量データとカテゴリデータ (表2.1)

　数量データは数値として扱われるデータであり，定量的データや量的データと呼ばれることもある．数量データの例としては温度や年齢，体重が挙げられる．数量データは特性により比例尺度と間隔尺度に分けることができる．比例尺度は間隔尺度の性質を満たし，かつゼロ (原点) が数として意味をもつデータである．データ間の間隔や比率にも意味がある．比例尺度をもつデータは身長や速度である．間隔尺度はデータを測定する尺度が等間隔になっているデータであり，ゼロ (原点) の位置は決められているが，ゼロは記号として用いられ，数としての意味はない．間隔尺度をもつデータには時刻，湿度，日付が挙げられる．

　一方，カテゴリデータは数値として扱うことができないデータであり，定性的データや質的データと呼ばれることもある．カテゴリデータの例としては血液型や好みが挙げられる．カテゴリデータに対し数値を割当てた場合，割当てられた数値の性質により，順序尺度と名義尺度に分けることができる．順序尺度では，データに割当てられた数値がデータの性質の順序を表している．ただし，数値の差が均等であるとは必ずしもいえないことに注意する必要がある．好みの程度を順序付けられた数値として収集されたアンケート結果は，順序尺度をもつデータである．名義尺度では，データが同じカテゴリに属しているかどうかという点に注目し判断され，データに割当てられた数値はデータの区別や分類を表している．名義尺度をもつデータの例として血液型がある．

　適用可能な演算の面からそれぞれの尺度を考える．比例尺度ではゼロが原点であり，間隔と比率に意味があるため，四則演算全てを適用できる．間隔尺度では尺度 (目盛) は等間隔ではあり，その間隔に意味があるものの原点となるゼロには数としての意味がないため，加算と減算

はできるが比には意味がない．例えば気温を考えると，19℃から25℃に変化したとき6℃上昇といえるが，10℃から20℃に変化したときに気温が2倍になったとはいえない．順序尺度と名義尺度はカテゴリデータなので，そもそも四則演算の対象ではないが，順序尺度は数値の大小による比較はできる．

表2.1　数量データとカテゴリデータ

データの分類	用いられる尺度	例
数量データ	比例尺度	身長，速度，面積
	間隔尺度	時刻，温度，日付
カテゴリデータ	順序尺度	数字の大小で答えるアンケート結果
	名義尺度	血液型，クラス

2.2.2　連続データと離散データ

数量データは連続データと離散データに分けることができる．連続データは得られるデータが途切れることなく連続していると考えられるものであり，適切な方法があればどこまでも細かく測ることができるデータである．これに対して離散データは，得られるデータが一般的に連続しておらず，飛び飛びの値を取るデータである．連続データに属するものとしては，身長や気温などがあり，離散データに属するものは人数，回数などが挙げられる．

2.3　構造化データと非構造化データ

構造化データは，端的にいえば，行と列といった表の形式で規則正しく整理されたデータである．このようなデータは企業における契約データや顧客データなどのように業務で用いられ，従来のデータベースで管理されてきたものである．一方，インターネット上に蓄積される自由記述のテキスト文や検索履歴，更には文書データ，音声や画像などが非構造化データと呼ばれている．これらのデータにはあらかじめ行と列による規則正しい構造が与えられていないからである．非構造化データの中でも，XML (eXtensible Markup Language) 形式のものやJSON (JavaScript Object Notation) 形式のものは，データ内に規則性に関する区切りがあり，半構造化データと呼ばれることもある．XMLにおける区切りは「タグ」と呼ばれ，「タグ」によって囲われた部分のデータを構造化したり，修飾情報を与えて意味付けしたりする役割をもつ．「タグ」を付けることをマークアップと呼ぶ．JSONはテキストベースのデータ形式であり，JavaScriptのオブジェクト構文に従ったフォーマットで記述される．人間にとっても直感的に理解しやすく，一般的にXMLより軽量であるためデータ交換に向いている．

構造化データの管理及び処理は，通常リレーショナルデータベース (RDB：Relational DataBase) を用いて行われる．RDBは図2.2に示されるような二次元の表 (テーブル) にデータを格納するもので，行はレコードまたはタプルと呼ばれ，列はカラムと呼ばれている．レ

開講番号	ターム	科目名	担当教員
231G3019	第1ターム	エンジニアのためのデータサイエンス入門（力学分野）	金澤 伸一
232G3042	第2ターム	エンジニアのためのデータサイエンス入門（情報電子分野）	飯田 佑輔
231G3020	第1ターム	エンジニアのためのデータサイエンス入門（化学材料分野）	多島 秀男
232G3044	第2ターム	エンジニアのためのデータサイエンス入門（建築分野）	大嶋 拓也
231G3022	第1ターム	エンジニアのためのデータサイエンス入門（融合領域分野）	前田 義信

行，レコード，タプル

列（カラム），属性

図 2.2 RDB の例

コードがデータそのものに相当し，カラムはデータの属性を表している．RDB のデータ操作のために用いられるデータベース言語が SQL (Structured Query Language) である．

2.4 ビッグデータ

全世界で生成されるディジタルデータ量は年々増加しており，その量を表す単位は日常生活ではほとんど使うことがないゼタという位にまで及んでいる．ゼタという単位は表 2.2 に示すように 10 の 21 乗を表しており，日本語では十垓 (がい) となる．非常に多くのディジタルデータがインターネット上に蓄積される傾向は，既に 20 世紀後半から認識され，ビッグデータと呼ばれるようになっている．表 2.2 に掲げる表記は国際単位系に基づくもので，通常 SI 接頭語と呼ばれる．この中でロナとクエタは 2022 年 11 月より新たに加わったもので，その理由の一つにディジタルデータ量の爆発的な増加があるといわれている．初めにビッグデータという言葉を用いたのは，米国の当時の SGI (Silicon Graphics International) 社のジョン・マシェイ氏だといわれている．日本は約 10 年遅れ，2011 年が日本におけるビッグデータ元年といわれ，ビッグデータ時代の幕開けとなった．更に 2013 年には，Oxford English Dictionary に "Big Data" が新語として登録された．

科学技術の分野においても，従来は目的に応じた設計に基づき収集されたデータによる解析や検証が主流であった．しかしながら，近年は情報通信技術 (ICT：Information and Communication Technology) 等の発展が目覚ましく，様々な分野で得られるデータが指数関数的に増大し，多様化し続けている．このような多種多様なデータを利用して，従来は考えられなかった科学的発見や予測，あるいは知識獲得や価値創造が実現できるようになりつつある．すなわち，ビッグデータの高度な統合利活用は科学技術におけるイノベーションを引き起

表 2.2　単位の接頭語

読み方	表記方法	日本語の対応	10^n
キロ	k	千	10^3
メガ	M	百万	10^6
ギガ	G	十億	10^9
テラ	T	兆	10^{12}
ペタ	P	千兆	10^{15}
エクサ	E	百京 (けい)	10^{18}
ゼタ	Z	十垓 (がい)	10^{21}
ヨタ	Y	じょ	10^{24}
ロナ	R	千じょ	10^{27}
クエタ	Q	百じょう	10^{30}

こし，社会における新たな価値の創造やサービスの向上，システムの最適化などにつながると期待されている．

　ビッグデータには画一的な定義が存在するわけではないが，米国の当時の META グループ (現ガートナー社) のダグ・レイニー氏が提唱した "3V" がよく引き合いに出される．3V，すなわち三つの V とは，図 2.3 に示すように Volume (データの量)，Velocity (データの速度)，Variety (データの種類) である．Volume は，ビッグデータとしてある程度大きなデータ量が必要であることを表すが，最低限このくらいデータ量が必要などという明確な基準はない．Velocity は，ビッグデータの発生はスピードが速いため処理

Volume (データの量)
・膨大なデータ量
・通常のシステム性能を超過

Velocity (データの速度)
・高速性
・リアルタイム性

Variety (データの種類)
・多種多様なデータ
・データ形式やデータ構造

(出典) ガートナー社のダグ・レイニー氏(アナリスト)による定義

図 2.3　ビッグデータの特性を示す 3V

の高速性を求めるもので，分析結果に時間がかかり時機を失ってしまっては意味がないことを表している．すなわち，ビッグデータの特徴としてリアルタイム処理性が求められている．最後の Variety は，ビッグデータの種類の多様性を特徴付けたものである．ビッグデータは 2.3 節に述べた構造化データと非構造化データから構成され，多種多様な形式のデータが混在しており，現在は構造化データと非構造化データの割合はおおよそ 2 : 8 であるといわれている．更に，Value (データ価値) と Veracity (データ正確性) を加えた 5V をビッグデータの特徴とすることもある．

　平成 24 年には，情報通信審議会 ICT 基本戦略ボードの「ビッグデータの活用に関するアド

ホックグループ」がビッグデータの例として，ソーシャルメディアデータ，カスタマデータ，オフィスデータ，マルチメディアデータ，ログデータ，ウェブサイトデータ，センサデータ，オペレーションデータを挙げており，その多様性が如実に表れている．

2.5 メディアによる分類

データや情報を表現したり，伝達したりするメディア (媒体) ごとに分類して，それぞれの特徴を述べる．

2.5.1 文字データ

情報を伝達する際に言語が使われ，言語を表記，伝達，保存するために使われるのが文字である．例えば日本語では平仮名，片仮名，漢字などが文字として使われている．コンピュータ内部ではデータは 1，0 のみで表されるので，文字も二進法で表す必要があり，普段表記されている記号としての文字をコンピュータ内部の二進数のコードに対応付けしたものが文字コードである．ところが用いる文字の種類や数は言語ごとに異なるため，日本語文字の集合，ドイツ語文字の集合，韓国語文字の集合などのように，特定の種類ごとに文字を集めた符号化文字集合 (CCS：Coded Caracter Set) が存在する．符号化文字集合はキャラクタセットとも呼ばれる．コンピュータの開発の歴史上，最初に英語環境でのデータのやり取りに十分な英数字や記号を格納するためだけの目的に，7 ビットの ASCII (American Standard Code for Information Interchange) コードが米国の ASA (現在の ANSI) により制定された．一方で，日本語では 1 バイトで構成される文字コードで全ての文字を割当てることはできず，2 バイトで表記する文字コード体系が必要となり，JIS X 0208 という文字コードが定義された．しかしながら，国ごとに異なる文字データを定義するだけではなく，それぞれの相互流通を保証する互換性が求められ，文字コードが複雑化する要因となった．その後，国際的な統一文字コードとして ISO/IEC 10646 (Unicode：ユニコード) が制定され，非営利法人ユニコードコンソーシアムがユニコードの開発や普及の取りまとめを行っている．

また，符号化文字集合 (CCS) をコンピュータで扱うために符号化する必要があり，これを実現する方法が文字符号化方式 (CES：Character Encoding Scheme) である．文字符号化方式はエンコーディングルールとも呼ばれる．日本語の文字符号化方式として例えば ISO-2022-JP (JIS コード)，EUC-JP (EUC)，Shift_JIS (シフト JIS) があり，いずれも文字コード JIS X 0208 を扱えるが，コンピュータのオペレーティングシステムにより用いるべき文字符号化方式が異なっており，これが他のコンピュータで作成した文章が読めなくなる，いわゆる文字化けが起こる原因の一つとなっている．また，Unicode に対する文字符号化方式としては UTF-8 や UTF-16 などが用いられる．

文字データを符号化するキャラクタセットを基にして，データ量を見積もることができる．例えば，1 冊の日本語の本が 10 万文字で書かれていたとすると，そのデータ量は

$(100,000 \times 2) \div 1,024 \simeq 195.3$ kB となる．すなわち，おおよそ文字データだけからなるテキストファイルのデータ量は，文字数により推定できる．

2.5.2 音データ

2.1 節の例で取り上げたように，音は基本的に空気の振動であり，マイクロホンにより得られた電気信号 (電圧の変化) は一定間隔の時間で値を取り出す標本化と段階的に区切られた値で近似する量子化により，ディジタルデータに変換することができる．1 秒間で値を取り出す回数を標本化レート (サンプリングレート) といい，CD (Compact Disc) 品質では 44.1 kHz である．標本化レートの値が高いほど元の音に近く聞こえ，人間にとってよい音質として感じられる．また，量子化後の音の値をどれだけ正確に表すかを決めるのがビットデプスの値である．ビットデプスはビット数で表し，この値が大きいほどよい音質と感じられる．

音の特性を決める三要素は音の大きさ，音の高さ，音色であるが，それぞれ電圧の変化の振幅，周波数，波形が対応している．ディジタルデータに変換する際に元の電圧変化を十分よく近似するようにデータの蓄積や伝送を行えば，人の耳では差が分からないくらいに音の三要素を再現できることができる．一方で，標本化レートやビットデプスを大きくすればするほど，その分データ量も増加する．音データに関してもデータ量を見積もってみる．例えば，標本化レート 44.1 kHz，ビットデプス 16 ビットを音源とするストリーミングサービスを圧縮技術は使わずに 5 分間流した場合，そのデータ量は $(44.1 \times 16 \times 300) \div 8 = 26,460$ kB となる．

2.5.3 画像データ

画像には静止画と動画がある．静止画は名前の通り，ある一瞬の時刻で記録した視覚情報であり，二次元に広がる空間情報と色情報から構成される．静止画をコンピュータで扱う場合もディジタル化する必要があり，まず空間情報は縦方向と横方向に一定間隔でデータ化し，離散化する．一定間隔で離散的に分割された一単位は画素 (pixel：ピクセル) と呼ばれる．次に各画素に付随する色情報について考える．色を表現する方法はいくつかあるが，ここではディジタルカメラ，スキャナやディスプレイで色を表現する際に用いられる RGB 加色法で説明する．RGB 加色法は一画素の色情報を，赤 (R：Red)，緑 (G：Green)，青 (B：Blue) で表すもので，光の三原色に相当する．R，G，B にそれぞれ値が割当てられるが，ここでも量子化を用いて何段階かに分かれた値を用いている．段階は階調とも呼ばれる．なお，一画素に対して R，G，B を割当てず，白黒間の変化を階調で表した画像をモノクロ画像と呼び，単に白か黒だけ割当てたものを二値画像と呼ぶ．

1 枚の静止画像の縦方向が 480 画素，横方向が 640 画素で構成され，それぞれの画素を R，G，B 各 8 ビットの値を割当てると，この画像のデータ量は $(480 \times 640 \times 24) \div 8 \div 1,024 = 900$ kB となる．R，G，B にそれぞれ 8 ビット割当てて色を表現する画像はフルカラー画像と呼ばれ，約 1677 万色を表示できる．フルカラーは 24 ビットカラーや True Color とも呼ばれる．

動画は，少しずつ変化がある静止画を表示することで，視覚の残像特性を利用して連続的に

画像が動いて見えることを利用したものである．動画を構成する 1 枚 1 枚の静止画をフレームと呼び，1 秒間に表示するフレームの数はフレームレートと呼ばれる．フレームレートの単位は fps (frame per second) であり，一般的なテレビ放送は約 30 fps である．

2.6 実験，測定におけるデータの扱い

実験は，自然や社会における現象や事象を対象として，その仕組みや法則性を解明するために活動として重要であり，特に自然科学の分野では客観的事実を積み上げるために必須なものである．ここでは特に，実験の中でも測定という手法とそこから得られるデータに着目し，心得ておくべきことについて述べる．

2.6.1 測定データと誤差

自然界に存在する量を測定する場合，様々な要因によって測定に不確かさが含まれてしまうことは避けることはできず，測定により求めた値と真の値には必ず差が生じ，この測定値と真値との差を誤差と呼ぶ．測定とは，対象となる量を一定の基準 (単位) に基づいて数値で表すことであり，一般に基準として用いるものが測定器である．例えば，長さという量を測る際には定規という測定器を用いて，上記の目盛りと対応させることにより長さを数値化する．また，電流計という測定器に測定の対象となる電流を流し，示された数値を読み取ることで測定値を得ることができる．

測定により得られるデータには必ず誤差が含まれているのだが，どのような誤差がどのくらい含まれているかを理解することは測定データを適切に扱っていくために重要である．一般的に誤差は偶然誤差 (random error) と系統誤差 (systematic error) の二種類がある．

偶然誤差は，偶発的な原因によって測定データに常に存在する誤差である．繰り返し測定すると毎回異なる値の誤差となり，正値と負値を取る確率は同等になる．また，小さな値の誤差が生じる確率は高く，より大きな誤差が生じる確率は低くなる．偶発誤差は理論的に補正することができないが，繰り返し測定による測定データがばらつくことで可視化により発見が容易であり，統計的処理により適切な対処を行うことが可能である．

一方，系統誤差は毎回の測定において真値から一定のずれとして導入される誤差である．系統誤差が生じる要因としては，測定器の固有な特性や測定者の一定の癖などが挙げられる．系統誤差は常に一定の誤差値が入り込むため，その存在に気づくのが困難な場合が多く，偶然誤差より危険性が高いといえる．しかしながら，系統誤差が生じる原因が分かれば，誤差を避けたり，補正により誤差を取り除いたりすることも可能である．

図 2.4 は測定における偶然誤差と系統誤差の影響を概念的に示したものである．同じ対象を同じように繰り返し測定したとしても，様々な要因により測定値は異なる．それをヒストグラムで表示したイメージが図 2.4 である．図 2.4 では，測定データはある一定値を示してはいな

いものの，平均値を中心とした正規分布的なば
らつきを示しており，これは偶然誤差に起因する
ものである．その上で系統誤差の存在も考える必
要がある．図 2.4 には真値の位置が示してあり，
そこからデータの平均値がずれていることを示し
ている．このように真値が分かれば測定データ全
体が真値に対して偏っていることに気づき，これ
を系統誤差とすることができるが，一般に真値は
分からないため系統誤差に気づくのは困難である．

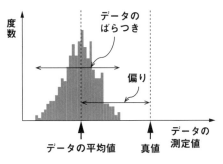

図 2.4　偶然誤差と系統誤差

2.6.2　測定の精度と有効数字

　測定の精度は測定器に依存する．まず話を簡単にする
ために，アナログ表示の測定器を考え，目盛が付いた定
規で長さを測定する場合を考える．この場合は通常，最
小目盛の 1/10 まで目測で読むことになっており，1 cm
の最小目盛の定規の場合は 0.1 cm の桁まで数値を読み
取ることになるが，0.1 cm の桁には誤差 (不確かさ) が
含まれることになる．1 mm が最小目盛の定規の場合は

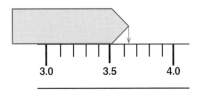

図 2.5　目盛の読み方の例

0.1 mm の桁まで測定値を読み取るが，0.1 mm の桁には誤差が含まれる．このように測定値の
最後の桁には不確かさが含まれるものであるが，一般にその桁 (最小目盛の 1/10) の数値まで
を有効数字として用いる．有効数字とは JIS K0211 において「測定結果などを表す数字のう
ちで位取りを示すだけのゼロを除いた意味のある数字」と定義されている．また，有効桁数は
有効数字の桁数を意味する．図 2.5 はある物体の長さを計測している例である．物体の先端
は 3.6 と 3.7 の間に対応しているとみなされ，この二つの目盛間の 1/10 の値を測定値とする．
ディジタル表示の測定器の場合は表示される数字全てを測定値として用いるが，その場合でも
一般には最小桁の数字は誤差が含まれている．

　有効数字の表記方法に関して，例示により更に説明を加える．1 mm が最小目盛の定規で
65.4 mm という測定値を得た場合，小数第 1 位まで有効であり有効桁数は 3 桁である．同じ定
規で 112.4 mm と 0.8 mm という測定値が得られた場合は，小数第 1 位まで有効というのは同
じであるが，有効桁数はそれぞれ 4 桁，1 桁となる．またこの定規で測定した結果，15 mm と
いう値になったとしても表記としては 15.0 mm として小数第 1 位まで有効桁数であることを
明記すべきである．また，有効桁数は単位によって変わることはなく，12.34 cm は 123.4 mm
や 0.1234 m と表記しても全て有効桁数は 4 桁である．

　単に 55000 と書かれた測定値があった場合，三つの 0 全てが有効数字なのか，あるいは位取
りの 0 が含まれるのかは判明しない．また，0.000000123 のように書かれていると位取りの 0
が多いため誤読や計算間違いの要因になる可能性がある．これらの場合を避けるために科学

的表記 (Scientific Notation) で有効桁数を明示する方法がある．科学的表記は値を $A \times 10^N$ という形で表記する方法であり，通常は A の絶対値が 1 以上 10 未満になるようにして，N は整数となる．A は仮数と呼ばれることがあり，この桁数が有効桁数となる．先の例では，5.50×10^4，1.23×10^{-7} のように書くことにより，双方とも有効桁数が 3 桁ということが明確になる．

章末問題 2

問1　以下の (a) から (g) に示すデータは，表 2.1 に示すどの尺度に分類されるか．
(a) 会員番号，(b) 高度，(c) テスト得点で決まる順位，(d) 年齢，(e) テストの得点，
(f) 性別，(g) 経過時間

問2　1 フレームの解像度が 1,440 画素 × 1,080 画素で，1 秒間 30 フレームで構成される動画 1 時間分のデータ量はどのくらいか．

第 3 章

基本的なデータ処理

本章では，収集されたデータを分析する基本的な処理方法として，可視化と基本統計量について述べる．可視化はデータの特徴を視覚的に明示するものであり，基本統計量はデータの分布の特徴の記述や要約をするために用いられる指標で，要約統計量や記述統計量とも呼ばれる．

3.1 データの可視化

データの可視化とは，データを整理して目に見える形で示すことである．企業では，戦略決定を支援するために膨大なデータを分析及び加工して結果を可視化するために，BI (Business Intelligence) ツールを導入し，利用しているところもある．ここでは，より基本的なデータを可視化する方法としてヒストグラムを取り上げる．

3.2 ヒストグラム

表 3.1 は『道路統計年報 2020』より収集した，現在の 47 都道府県の高速自動車国道総延長距離である．これらのデータの特性を引き出すために，データの最小値と最大値が入る範囲をいくつかの区間に分け，各区間に含まれるデータの個数 (度数) を表にまとめたものが，表 3.2

表 3.1 都道府県別の高速自動車国道総延長距離 (km)
(『道路統計年報 2020』(国土交通省) を参考に作成)

都道府県	北海道	青森	岩手	宮城	秋田	山形	福島	茨城
総延長距離 (km)	749	100	299	155	203	182	411	232

都道府県	栃木	群馬	埼玉	千葉	東京	神奈川	山梨	新潟
総延長距離 (km)	173	176	142	140	60	86	166	380

都道府県	富山	石川	長野	福井	岐阜	静岡	愛知	三重
総延長距離 (km)	133	67	331	159	235	229	240	226

都道府県	滋賀	京都	大阪	奈良	和歌山	兵庫	鳥取	島根
総延長距離 (km)	174	74	146	18	99	284	52	103

都道府県	岡山	広島	山口	徳島	香川	愛媛	高知	福岡
総延長距離 (km)	272	329	257	126	104	186	98	153

都道府県	佐賀	長崎	熊本	大分	宮崎	鹿児島	沖縄	合計
総延長距離 (km)	78	46	135	191	220	123	57	8,595

に示す度数分布表である．ここで，度数分布表の区間は階級と呼ばれ，階級の境界の値は階級境界値，ある階級の両端の階級境界値の中央の値を階級値とする．また，最大値を基準として最小値との差を取ったものをデータの範囲と呼ぶ．この度数分布表をグラフで表したものがヒストグラムであり，表3.2に対応するヒストグラムを図3.1に示す．各階級に対応する度数の大きさが棒で示されている．階級は連続しているものなので，棒と棒の間には隙間を入れない．しかしながら，図3.1では700kmを超えるデータが一つだけあり，後の6.3.1項に出てくる外れ値とみなせる．

表3.2　都道府県別高速自動車国道総延長距離の度数分布表

データ区間	0–49	50–99	100–149	150–199
頻度	2	9	10	10

データ区間	200–249	250–299	300–349	350–399
頻度	7	4	2	1

データ区間	400–449	450–499	500–549	550–599
頻度	1	0	0	0

データ区間	600–649	650–699	700–749	750–799
頻度	0	0	1	0

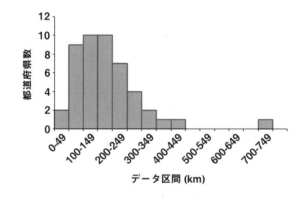

図3.1　高速自動車国道総延長距離のヒストグラム (階級数 16)

　ヒストグラムでは，各階級の棒の高さによってデータの分布を視覚的に把握することができる．図3.2から図3.7に典型的なデータの分布を示す．図3.2は一般的に現われる形で，分布の中心付近の度数が最も大きくなり，中心から両端に離れるに従って徐々に少なくなり，大体左右対称の形になる特徴をもつ．図3.2のようなヒストグラムで表されるデータ分布は，正規分布 (ガウス分布) に従うと考えられる．図3.3は各階級の度数が大きくなったり小さくなったりし，歯抜けやくしの歯の形になる特徴をもっているものである．図3.4は，度数が最も大きな階級が左右どちらかに偏っている特徴をもつもので，この例では右に裾を引いている場合である．すなわち，左側の階級の値が小さい方に度数が偏り，右側に行くほどなだらかに度数が減っていくパターンである．左右が逆になったパターンは左に裾を引いている場合になる．図3.5は各階級の度数にあまり差が出ず，棒の高さが大体同じになっている場合を示している．

また，周囲より度数が大きい階級が複数ある場合は，データは多峰性であるという．これに対して，周囲より度数が大きい階級が一つととらえられるときはデータは単峰性であるという．図 3.6 の場合は山が二つあるように見えるので二峰性であるという．更に図 3.7 に示すようにデータが分かれてしまうような場合には，測定ミスなどにより外れ値が生じている可能性があるので，気を付けなくてはならない．

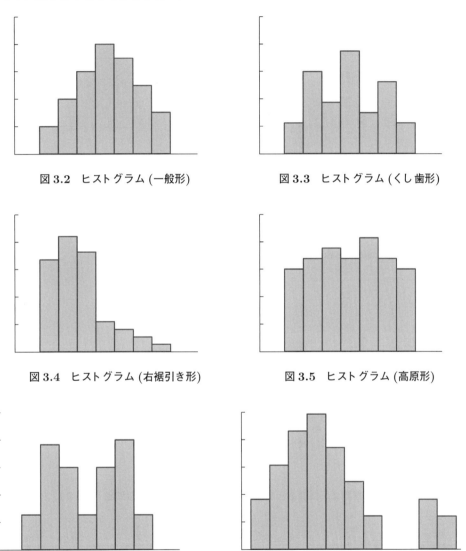

図 3.2 ヒストグラム (一般形) 図 3.3 ヒストグラム (くし歯形)

図 3.4 ヒストグラム (右裾引き形) 図 3.5 ヒストグラム (高原形)

図 3.6 ヒストグラム (ふた山形) 図 3.7 ヒストグラム (離れ小島形)

ヒストグラムではデータが入る区間である階級の数 k を適切に選択する必要があり，これを決める目安の 1 つとして，式 (3.1) で表されるスタージェスの公式 (Sturges' rule) が知られている．

$$k = 1 + \log_2 N \tag{3.1}$$

ここで N はデータ数である. 表 3.1 の場合は $N = 47$ であるので,

$$k = 1 + \log_2 47 \approx 6.55 \tag{3.2}$$

となり, 階級数の目安が 7 であることが分かる. 実際に階級数を 7 にした場合のヒストグラムを図 3.8 に示す. 図 3.8 においてもまだ外れ値の影響が見られるため, 北海道のデータを除いてヒストグラムを作成する. データ数が 46 の場合でもスタージェスの公式により階級数は 7 としても問題はなく, その結果得られたヒストグラムが図 3.9 である.

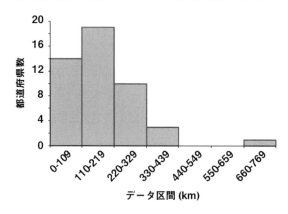

図 3.8　高速自動車国道総延長距離のヒストグラム (階級数 7)

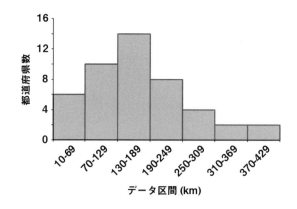

図 3.9　高速自動車国道総延長距離のヒストグラム (北海道を除いた場合)

3.3　その他のグラフ

　データ可視化のためには他の形式のグラフも用いられる. 図 3.10 に示されるのは折れ線グラフであり, 量の増減の変化を示すのに適しており, しばしば時系列データの可視化に用いられる. 図 3.10 は 2015 年 (基準時) を 100 とした, 1970 年から 2019 年のカップ麺の消費者物価指数の変化を示しており, 年ごとの増減の様子が分かる. 図 3.11 に示すのは円グラフ (パイチャート) であり, 全体に占める個々の要素の割合を示すのに適している. 図 3.11 は 2019 年

の国別の二酸化炭素排出割合を表しており，排出量の多寡が明白である．図 3.12 に示すのは散布図であり，通常二つの変数の間の関係を表すのに適している．図 3.12 は都道府県別の自動車保有台数と事故発生件数の関係性を示しており，横軸に自動車保有台数，縦軸に事故発生件数を取り，都道府県ごとに点をプロットしてある．

　散布図は二変数間の関係性を表すのに適しているが，もう一つ別の数量データを円の大きさで表すようにしたものがバブルチャートである．図 3.13 にバブルチャートの例を示す．この図では横軸を世帯当たり人員数，縦軸を 65 歳以上の人口割合として，新潟市の八つの区がどこに位置付けられるかを示した上で，各区の農業人口の人数を円の大きさで表している．各円上に区名と農業人口数が示されている．

　ヒートマップは二次元的に広がりをもつデータを，データの値の大小により色の濃淡で塗り表したものである．表 3.3 は 2017 年の首都圏における目的別乗車時刻分布をヒートマップで

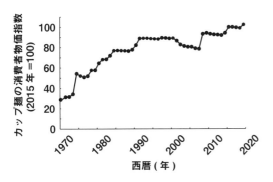

図 3.10　折れ線グラフの例 (2015 年を基準時とするカップ麺の消費者物価指数)
(「2015 年基準消費者物価指数」(総務省統計局) を参考に作成)

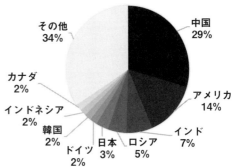

図 3.11　円グラフの例 (2019 年の国別の二酸化炭素排出割合)
(「世界のエネルギー起源 CO2 排出量 (2017 年)」(環境省) を参考に作成)

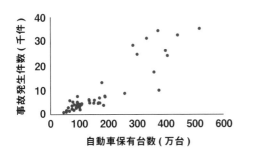

図 3.12　散布図の例 (都道府県別の自動車保有台数と事故発生件数)
(「都道府県別・車種別保有台数表」(一般財団法人自動車検査登録情報協会) 及び『平成 30 年交通年鑑』(福岡県警察本部) を参考に作成)

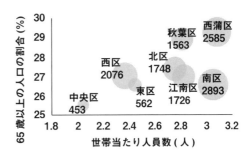

図 3.13　バブルチャートの例 (2015 年の新潟市各区の農業人口数)
(「平成 27 年国勢調査結果」(総務省統計局) を参考に作成)

表 3.3　ヒートマップの例 (2017 年の首都圏における目的別乗車時刻分布)
(「第 12 回大都市交通センサス」(国土交通省) を参考に作成)

	～6 時台	7 時台	8 時台	9 時台	10 時台	11 時台	12 時台
通勤	17.36	43.34	27.96	6.441	1.613	0.953	0.743
通学	13.26	42.2	18.83	11.03	4.966	3.295	3.042
業務	2.786	5.974	9.135	11.12	10.36	11.26	14.04
私事	1.5	3.03	6.845	12.82	12.47	9.961	10.45
帰宅	0.867	0.309	0.435	0.648	1.01	1.626	2.902

	13 時台	14 時台	15 時台	16 時台	17 時台	18 時台	19 時台
通勤	0.536	0.346	0.277	0.1	0.084	0.102	0.049
通学	1.521	0.803	0.384	0.137	0.417	0.118	0.005
業務	11.03	7.508	6.085	3.639	3.41	2.067	0.868
私事	7.849	6.661	5.981	5.092	7.254	6.583	2.161
帰宅	3.084	3.963	5.808	8.5	17.74	20.65	12.67

	20 時台	21 時台	22 時台	23 時台	0 時～		
通勤	0.045	0.034	0.016	0.004	0		
通学	0	0	0	0	0		
業務	0.366	0.198	0.095	0.04	0.025		
私事	0.824	0.261	0.133	0.082	0.043		
帰宅	8.867	5.579	3.358	1.529	0.461		

示したものである．値が高いところを濃い灰色で，値が低いところを薄い灰色で示すようにしているため，一目で乗車人数の集中する時間帯などが分かる．

3.4　グラフを作成する場合の注意点

　近年はグラフを作成するためのツール (PC のソフトウェア) が利用可能であるが，初期設定のまま描画しただけでは適切なグラフにはならないことがよくある．例えば，最小目盛りや最大目盛りの値が自動設定のままでは，グラフの余白が多くなりすぎる場合がある．またラベル

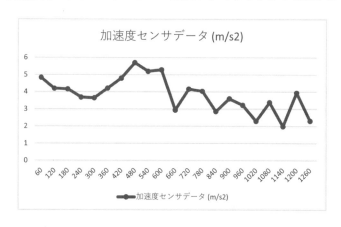

図 3.14　デフォルトのまま作成した折れ線グラフ

のフォント数が小さくて読みづらい場合がある．データ可視化の目的が何であるかを自分で
しっかりと把握した上で，グラフの各要素を適切に設定しなければならない．図 3.14 に示す
折れ線グラフは，60 ms ごとに計測した加速度センサのデータ値を示している．このグラフは
ソフトウェアのデフォルトの設定のまま，作成されたものである．一方，図 3.15 に示す折れ線
グラフでは，縦軸，横軸のフォントを変更し，縦軸と横軸のラベルを付け，グラフの色やマー
カも変更したものである．

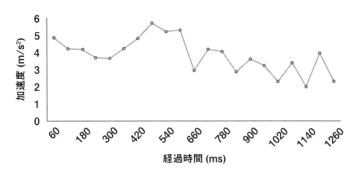

図 3.15　必要な変更を加えた折れ線グラフ

　ごく一般的な説明にはなるが，グラフ作成に当たっては，まず可視化の目的に合わせた適切
なグラフの種類を選ぶことから始める．そして，横軸と縦軸には必ずラベルを付け，単位があ
るものには適切な単位を付ける．その一方で，不必要に装飾された線や装飾的なフォント，過
度な色使い，必然性のない陰影付けや立体化 (3D グラフ化) などはチャートジャンクと呼ばれ，
グラフが伝達すべき情報を歪めて，正しい解釈を妨げる要因となるため避けるべきである．図
3.16 の折れ線グラフは無意味な修飾があり，学術的な文章に掲載するには適切とはいえない．

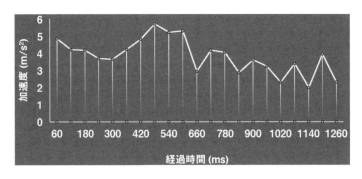

図 3.16　過度な修飾が施された折れ線グラフ

3.5　基本統計量

　ここまでデータの特性を把握するために，グラフなどを用いて視覚的に分かる形で整理し，
直感的な理解へとつなげる方法について言及してきた．ここでは，データの特徴を数値で表す

ために用いられる指標を取り上げる.

3.5.1　平均値，中央値，最頻値

　データの分布の代表的な値を示すために，平均値，中央値，最頻値がある. これらの値は得られたデータ全体を特徴付ける量として代表値と呼ばれており，以下で例を用いて説明する. 表 3.4 は 9 名のあるテストの得点である.

表 3.4　テストの点数

学生	A	B	C	D	E	F	G	H	I
点数	60	50	50	80	30	40	70	20	50

　平均値は最もよく用いられるもので，全ての得点を足してデータ数で割ったものとなる. 表 3.4 の場合は

$$\frac{60 + 50 + 50 + 80 + 30 + 40 + 70 + 20 + 50}{9} = 50 \tag{3.3}$$

より平均点は 50 点となる. ここでの平均値は算術平均 (相加平均, 加算平均) であり，一般的には n 個のデータ $x_1, x_2, \ldots, x_n$ に対して

$$\bar{x} = \frac{x_1 + x_2 + \ldots + x_n}{n} \tag{3.4}$$

$$= \frac{1}{n} \sum_{i=1}^{n} x_i \tag{3.5}$$

と表せる. 平均値の求め方には他に加重平均, 幾何平均 (相乗平均, 調和平均) などがある.

　中央値はデータを数値の大小の順序に従って並べたときに中央に来る値である. 表 3.4 を得点順に並べ替えたものは表 3.5 になる. 表 3.5 より中央値は 50 点となる. 中央値はメディアンとも呼ばれる. なお, データ数が偶数の場合は, 一般的に中央にある二つのデータの数値の平均値を中央値とする.

表 3.5　並べ替えたテストの点数

学生	H	E	F	B	C	I	A	G	D
点数	20	30	40	50	50	50	60	70	80

　最頻値はモードとも呼ばれ，最も多く現れるデータの数値となり，表 3.5 の場合では最頻値は中央値と同じ 50 点となる. データが連続データの場合は個々のデータ値で最頻値を取るよりも，度数分布表を作成し，最も度数が多い階級の階級値を最頻値とした方がよい.

3.5.2　分散，標準偏差

　データの分布の散らばり具合はデータの範囲で大まかには分かるが，より個々のデータがどの程度散らばっているかを表す指標が分散や標準偏差である. n 個のデータ $x_1, x_2, \ldots, x_n$ に

対する分散 s^2 は

$$s^2 = \frac{(x_1 - \bar{x})^2 + (x_2 - \bar{x})^2 + \ldots + (x_n - \bar{x})^2}{n} \tag{3.6}$$

$$= \frac{1}{n}\sum_{i=1}^{n}(x_i - \bar{x})^2 \tag{3.7}$$

と表せる．$\bar{x}$ は n 個のデータの平均値である．上の式の中の（　）内は個々のデータ値と平均値の差で偏差と呼ばれる．分散は全てのデータの偏差の二乗の平均値となる．

標準偏差は分散の正の平方根であり，$s = \sqrt{s^2}$ となる．分散は求めるときに偏差を求めているが，偏差は正負の両方の値が出てくるので，そのまま加算すると平均値からの差が相殺されてしまう．そのため二乗することにより平均値からの離れ具合を同じように扱えるようにしている．しかしながら，二乗することで元々のデータの単位と異なってしまうので，平方根を取ってデータと単位をそろえたものが標準偏差である．可視化の際に，標準偏差を誤差棒 (error bar) として，図3.17のように表示する場合もある．

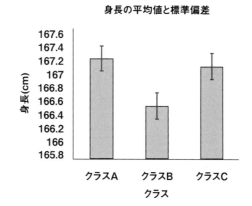

図 3.17　誤差棒のある棒グラフの例

ここで表3.5に戻って9名の標準偏差を求めてみる．各データの偏差は表3.6のようになる．

表 3.6　各データの偏差

学生	H	E	F	B	C	I	A	G	D
点数	−30	−20	−10	0	0	0	10	20	30

これらの偏差より分散を求めると以下のようになる．

$$s^2 = \frac{(-30)^2 + (-20)^2 + (-10)^2 + (10)^2 + (20)^2 + (30)^2}{9} \tag{3.8}$$

$$= \frac{2800}{9} \approx 311.1 \tag{3.9}$$

なお，偏差が 0 のデータは記載を省略している．ここで求めた分散は標本分散であり，より一般的な形では以下の式となる．

$$s^2 = \frac{1}{n}\sum_{i=1}^{n}(x_i - \bar{x})^2 \tag{3.10}$$

次に，表3.4に示されている9名の得点のデータが全てではなく，本来調べたいデータ全体の一部である場合を考える．この場合，データ全体は母集団と呼ばれ，9名のデータはそこから抽出された標本 (サンプル) である．一般に，標本から得られた統計量の期待値が母集団の母数 (平均値や分散) と一致するとき，その統計量を不偏推定量という．標本から計算される平均値はそのまま母集団の平均値の不偏推定量である．しかし，n が十分に大きくない場合には標

本分散の期待値は母分散に一致せず，母分散より小さくなる．ここで，不偏分散 σ^2 を定義する．不偏分散 σ^2 は，標本分散 s^2 の分母の n を $n-1$ で置き換えた以下の式で定義され，これが母集団の分散に対する不偏推定量であることが知られている．

$$\sigma^2 = \frac{1}{n-1} \sum_{i=1}^{n} (x_i - \bar{x})^2 \tag{3.11}$$

データ数 n が大きくなれば標本分散と不偏分散は一致していく．不偏分散 σ^2 と標本分散 s^2 の間には以下の関係がある．

$$\sigma^2 = \frac{n}{n-1} s^2 \tag{3.12}$$

$n < 30$ の場合は不偏分散を用いることが一つの目安となっており，実は先ほどの 9 名のデータの例では，不偏分散 σ^2 の方を用いるべきであり，

$$\sigma^2 = \frac{(-30)^2 + (-20)^2 + (-10)^2 + (10)^2 + (20)^2 + (30)^2}{8} \tag{3.13}$$

$$= \frac{2800}{8} = 350 \tag{3.14}$$

となり，これより標準偏差は $\sqrt{350} \approx 18.7$ とすべきである．

Microsoft Excel を用いて分散を求める場合にも，この二つを適切に区別して使用する必要がある．標本分散の計算の際には VAR.P (Exce 2007 以前は VARP) 関数を，不偏分散の計算時には VAR.S (同 VAR) 関数を用いる．

3.6 箱ひげ図

データの散らばり具合を可視化する方法として箱ひげ図がある．図 3.18 に箱ひげ図の一例を示す．長方形が「箱」であり，長方形から上下に出ている線が「ひげ」を表す．箱ひげ図の作成方法はいくつかあるが，ここに示しているのは外れ値検出を行った場合の箱ひげ図である．ここで新たに分位数 (分位点) という言葉が出てきているが，これはデータを小さい値から大きい値へと並べ，ある割合でデータを分割する数のことである．特に使わ

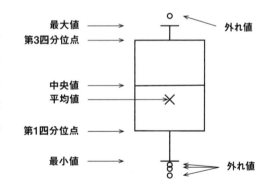

図 3.18 箱ひげ図の例

れる機会が多い四分位数は，並べられた全てのデータを四つに等しく分けたときの三つの区切りの数を表し，小さい方から第 1 四分位数，第 2 四分位数，第 3 四分位数と呼ばれる．第 2 四分位数は中央値のことである．中央値が求まれば，中央値より下の範囲にあるデータから求めた中央値を第 1 四分位数とし，中央値より上の範囲にあるデータから求めた中央値を第 3 四分位数とする簡便な方法がある．第 1 四分位数と第 3 四分位数の差を四分位範囲 (IQR：

interquartile range) と呼び，データの半数がこの領域に含まれることから IQR はデータの散らばりの度合いを表す指標として用いられる.

図 3.18 の箱ひげ図の作成方法は以下の通りである.

1. データの中央値を求め，箱の中の横線の位置とする.
2. 第 1 四分位点及び第 3 四分位点を箱の両端とする.
3. 以下の式で計算された上下限値の範囲内にあるデータ点の一番大きい値と小さい値 (図中の最大値と最小値) をひげの両端とする.
   - 上限値：　第 3 四分位点 $+ 1.5 \times$ (四分位範囲)
   - 下限値：　第 1 四分位点 $- 1.5 \times$ (四分位範囲)
4. ひげの下端より小さい，若しくはひげの上端より大きい値のデータは外れ値とする.
5. 平均値を，箱の内部に「×」で表す.

四分位点の求め方や箱ひげ図の作成の方法は他にいくつか提案されていて，上は一つの例である.

具体的な例で箱ひげ図の作成を見てみる. 表 3.7 に示されるような 13 個のデータが収集された場合を考える. データを小さい順に並べ替えたものが表 3.8 である. データの最大値は 49, 最小値は 2 である. データ数が奇数なので，第 2 四分位数は中央値となり，7 番目の 25 となる. 中央値を除いて，数値が下の範囲にあるデータと数値が上の範囲にあるデータに分け，下の範囲にあるデータの中央値が第 1 四分位数，上の範囲にあるデータの中央値が第 3 四分位数となる. 今回は上の範囲，下の範囲にあるデータ数は共に偶数なので，第 1 四分位数は 3 番目と 4 番目の平均値で 20，第 3 四分位数は 10 番目と 11 番目の平均値で 29 と求められる. 四分位範囲は 9 であり，上限値は $29 + 1.5 \times 9 = 42.5$，下限値は $20 - 1.5 \times 9 = 6.5$ となり，ひげの上端は 30，下端は 18 となる. その結果，順位 1 番目のデータ 2 と 13 番目のデータ 49 は外れ値となる. 全データの平均値は 24.92 でほぼ中央値に等しい. 結果として得られる箱ひげ図を図 3.19 に示す. また，外れ値を示さず，ひげの上端と下端をデータの最大値や最小値とする作成方法もある. この方法で平均値の表記も省略した箱ひげ図を図 3.20 に示す.

表 3.7　収集されたデータ

データ	29	21	19	30	25	49	2	26	29	24	27	25	18

表 3.8　並べ替えられたデータ

順位	1	2	3	4	5	6	7	8	9	10	11	12	13
データ	2	18	19	21	24	25	25	26	27	29	29	30	49

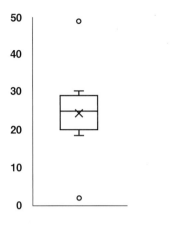

図 3.19　表 3.7 に対する箱ひげ図

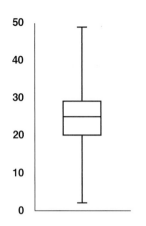

図 3.20　外れ値を示さない箱ひげ図

　なお，中央値や分位点はデータの並びのみから算出されるので，極端な外れ値があっても影響を受けず，この性質をロバスト (robust) と表現することがある．一方，平均値や分散はデータの値そのものを用いて計算されるため，外れ値の影響を受けやすい．

章 末 問 題 3

問 1　スタージェスの公式によれば，データ数が 500 の場合階級数はいくつにすればよいか．

問 2　標準正規分布とはどのような分布か．

第 4 章

Microsoft Excel を用いたデータ分析

　膨大かつ多種多様なデータを分析するためには，コンピュータが必須である．コンピュータ上でデータ分析をする環境や必要なツールも充実してきており，それらは表 4.1 に示すように，大きくパッケージソフトウェア，フリーソフトウェア，クラウドサービスの三つに分類できる．分類ごとにそれぞれ長所や短所があるので，目的に応じた選択が必要である．

　本書では，一般的に広く普及しており，プログラミングの必要がないという点から Microsoft Excel（以下，エクセル）を分析ツールとして用いることとする．ここでは Microsoft Excel 2019 のバージョン 1808（ビルド 10389.20033）を前提としている．

表 4.1　データ分析ツールの分類

	パッケージソフトウェア	フリーソフトウェア	クラウドサービス
特徴	GUI (Graphical User Interface) 操作が中心．商用ソフトウェアとして有償提供．	通常は CUI (Character User Interface) 操作も必要．オープンソースで無償．	クラウド環境で利用．無償利用と有償提供がある商用サービス．
利用場面	GUI で手軽に分析をしたいとき	無償で利用したいときや最新手法を利用したいとき	必要なときに必要なだけ分析環境を使いたいとき
例	Microsoft Excel, IBM SPSS	Python, R	Microsoft Azure Machine Learning, Amazon Machine Learning

4.1　エクセルの各部の名称

　エクセルを使用する際の各部の名称を確認する．まず，エクセルを起動すると，通常は図 4.1 に示すような画面が現れる．小さな長方形が縦横に並んでいる領域をワークシートと呼び，小さな長方形はセルと呼ばれ，具体的にデータの数値や数式を入力する場所である．図 4.2 に示すようにワークシートの名前を示す部分がある．起動直後は「Sheet1」というような名前がデフォルトで付いているが，ここを編集することで名前を変更することができる．更にその右の〇に＋の部分を押すことにより，新しいワークシートを追加していくことができる．このようにして作成された一つ以上のワークシート全体は，ブックという単位で管理され，ファイルと

して保存する場合もブック単位となる.

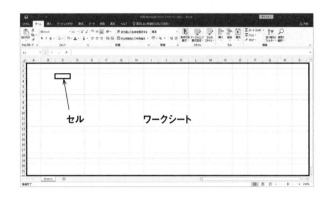

図 4.1　エクセルのワークシートとセル

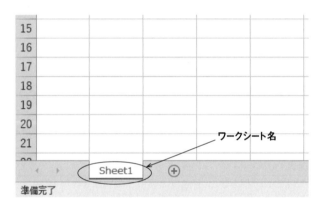

図 4.2　エクセルのワークシート名

　ワークシートの中で, セルが横 (水平) 方向に並んだものは「行」, 縦 (垂直) 方向に並んだものは「列」と呼ばれる. 図 4.3 の例では, 左のワークシートの着色された部分は「3 行」で,

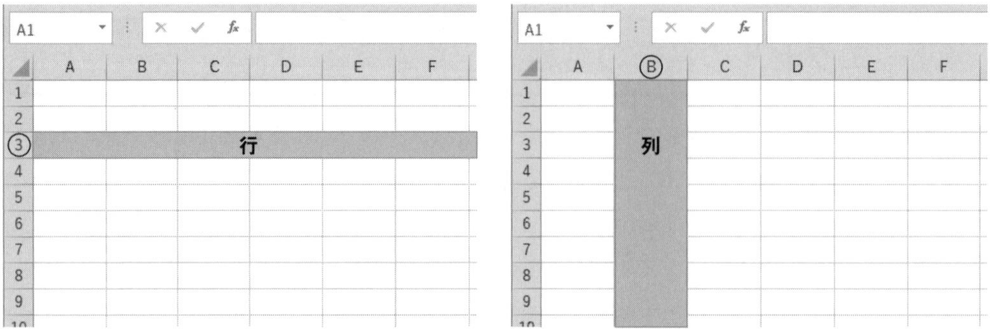

図 4.3　エクセルの行と列

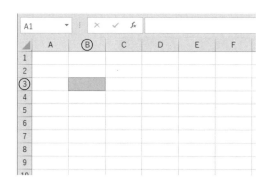 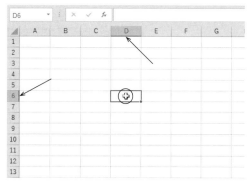

図 4.4 エクセルのセル

右のワークシートの着色された部分は「B 列」である．このように行の先頭の数字が行の名前を表し，列の先頭のアルファベットが列の名前を表す．各セルは行と列の名前を用いて特定される．図 4.4 の左のワークシートには「3 行」と「B 列」が交差する位置のセルが着色されて

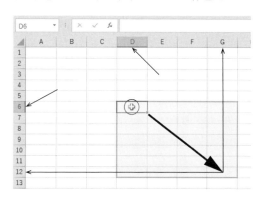

いて，このセルは「セル B3」や単に「B3」と呼ばれる．一方，図 4.4 の右のワークシートではセルの特定の仕方が示されている．通常ワークシート上ではマウスポインタは丸で囲まれているような白い十字の形であり，マウスをクリックすることで，そのセルを特定することができる．特定されたセルの枠の色は緑色 (図中では濃い灰色) に変わり，図ではセル D6 が特定されていることが示されている．セルを移動する際は，キーボード上の矢

図 4.5 複数のセルの選択

印キーで直感的に移動することができ，それ以外でも Tab キーで横にセルを移動できたり，Enter キーで下にセルを移動できたりする．一つの特定されたセルから複数の矩形に並んだセルを選択するためには，特定の一つのセルにおいて白い十字のマウスポインタの状態でマウスボタンを押したまま，選択したい矩形範囲の角のセルまでマウスを動かし，目的のセルでボタンを離す．図 4.5 はセル D6 からセル G12 の範囲を矩形に選択した例である．

　図 4.6 に，ワークシートの上の方にあるエクセルの各部の名称を示す．上部に並んでいる「ファイル」「ホーム」等の文字の部分がタブであり，関連する機能がまとめられていることを示す．タブをクリックすると，実際にそこにまとめられている機能が表示され，表示している部分はリボンと呼ばれる．リボンの下にある横に長い長方形のウィンドウは数式バーと呼ばれる場所で，対象となっているセルへの入力を行うことができる．セルに直接表示しきれない長い文字列を入力することが可能である．

図 4.6　エクセルの各部の名称

4.2　エクセルでのグラフの描画

　簡単な方法でエクセルでグラフを描画してみる．表 4.2 に示す「2011 年から 2020 年の日本の出生数と死亡数」のデータを例として取り上げる．エクセルを起動し，新しいワークシートのセル A1 から表 4.2 と同じようにテキストと数字を入力する．入力後にセル A1 からセル K3 までを選択し，「挿入」のリボンから「おすすめグラフ」を選択する．その結果，「グラフの挿入」という名前のウィンドウが新たに現れ，左側に描画されるグラフの候補がいくつか表示される．この状態から挿入するグラフを選択してもよいが，「すべてのグラフ」のタブに切り替

表 4.2　2011 年から 2020 年の日本の出生数と死亡数
（「人口動態調査」(厚生労働省) を参考に作成)

年	2011	2012	2013	2014	2015
出生数 (人)	1050807	1037232	1029817	1003609	1005721
死亡数 (人)	1253068	1256359	1268438	1273025	1290510
年	2016	2017	2018	2019	2020
出生数 (人)	977242	946146	918400	865239	840835
死亡数 (人)	1308158	1340567	1362470	1381093	1372755

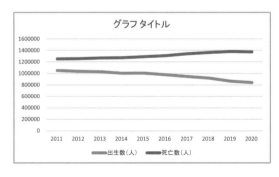

図 4.7　エクセルで挿入した折れ線グラフ (加工前)

えると左側にグラフの大分類が表示される．大分類からグラフの種類を選択すると，上部に細かいグラフの種類が表示され，その下に出てくるグラフの見本を確認し，挿入したいグラフを選択する．図 4.7 は「折れ線」から選択して挿入したグラフである．図 4.7 はエクセルのデフォルトの設定のままのグラフであるので，目的に応じて適切に加工する必要がある．加工の一例を示す．上部の「グラフ タイトル」を選択し，削除する．グラフの下部にある，左の出生数 (人) と右の死亡数 (人) を表している部分は凡例であり，これをグラフ内に移動する．ここでグラフ全体を選択すると，右側に小さな四角がいくつか表示されるので一番上の十字が描かれているものをクリックする．グラフ要素のウィンドウが表示されたら「軸ラベル」にチェックを入れる．横軸の下に挿入された「軸ラベル」を編集できるように選択し，「年」と変更する．また，縦軸の左側に挿入された「軸ラベル」も編集し，「人数 (人)」と変更する．図 4.8 が加工後のグラフである．これは加工の一例であり，どのような加工が必要であるかはグラフ作成の目的等による．

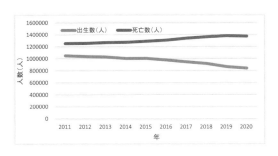

図 4.8　エクセルで挿入した折れ線グラフ (加工後)

4.3　エクセルでの計算と関数

エクセルでは，セルに計算式や関数を入力することで，計算などの作業を行える．計算式や関数の入力は ＝ から始め，半角で入力することを推奨する．

4.3.1　四 則 演 算

ワークシート上の任意のセルをクリックし，演算子と数字を入れることにより指定した計算を実行できる．例えば任意のセルに「＝1+2」と入力し，Enter キーを押すことにより 3 という結果が示される．加算は ＋，減算は −，乗算は ∗，除算は / で計算できる．数字の部分をセルに置き換えることができ，セル「B3」とセル「B2」の差をセル「B10」で求めたい場合は，セル「B10」に「＝B3−B2」と入力し，Enter キーを押す．

4.3.2　関　　　数

エクセルでは，方法や手順が決まっている計算や作業が関数として用意されている．関数は，セルに「＝関数名 (引数 1, 引数 2, ……)」の形式で入力することで実行できる．表 4.3 に統計に

関する代表的な関数を示す．例えば，セル「B2」からセル「K2」までの 10 のセルに含まれる数値の合計をセル「L2」に入力したい場合は，セル「L2」に「=SUM(B2:K2)」と入力し，Enter キーを押す．ここで関数 SUM(B2:K2) の引数 B2:K2 はセル「B2」からセル「K2」までの連続する全てのセルを意味する．各関数で指定しなければならない引数や，引数の指定の仕方はエクセルのヘルプ等を参照してもらいたい．

表 4.3　エクセルの統計に関する代表的な関数

関数名	関数の説明
AVERAGE	引数の平均値を返す．
COUNT	引数リストの各項目に含まれる数値の個数を返す．
COUNTIF	指定された範囲に含まれるセルの中で，検索条件に一致するセルの個数を返す．
MAX	引数リストに含まれる最大の数値を返す．
MEDIAN	引数リストに含まれる数値の中央値を返す．
MIN	引数リストに含まれる最小の数値を返す．
QUARTILE.INC	引数配列に含まれる数値の四分位数を返す．
SUM	引数リストに含まれる数値の合計値を返す．
STDEV.P	引数を母集団全体とみなし，母集団の標準偏差を返す．
STDEV.S	標本に基づいて母集団の標準偏差の推定値を返す．
VAR.P	引数を母集団全体とみなし，母集団の分散 (標本分散) を返す．
VAR.S	標本に基づいて母集団の分散の推定値 (不偏分散) を返す．

　関数の使い方としてセルに直接キーボードで入力する方法の他に，関数の挿入機能を利用する方法がある．数式バーの左側に fx のような表示があり，これをクリックすると「関数の挿入」という名前のウィンドウが現れる．このウィンドウ内に関数名が表示される他，検索機能も使うことができる．「関数の検索」の部分にキーワードを入れ「検索開始」をクリックすると，関連する関数が表示される．

章末問題 4

問 1　作成したエクセルのファイルをパスワードを付けて保存するにはどうすればよいか．

問 2　エクセルの関数を使って，12.345678 を四捨五入して小数第 2 位までとするにはどうすればよいか．

第 5 章
オープンデータとその応用

　国や地方公共団体及び事業者が保有する官民データの中で、利用目的が営利か非営利かを問わずに、二次利用可能なルールの下で、機械判読に適した形で無償で公開されたものがオープンデータと定義されている。すなわち、誰もが許可されたルールの範囲内でデータを自由に複製、加工、頒布などができるようにして、データの価値を共有しようというものである。ここで機械判読というのは、コンピュータ (機械) が内容を処理できる形式になっていることである。以降も機械という用語はコンピュータと読み替えることができる。

　我が国では、オープンデータの流通や利活用を促進するため、平成24年7月に「電子行政オープンデータ戦略」が策定され、平成28年5月には「官民一体となったデータ流通の促進」が高度情報通信ネットワーク社会推進戦略本部 (IT総合戦略本部) により決定され、その1年後には「オープンデータ基本指針」がIT総合戦略本部・官民データ活用推進戦略会議で決定されたという経緯がある。令和3年9月1日に、日本のディジタル社会実現のための司令塔としてデジタル庁が発足した。デジタル庁の役割は、国や地方公共団体、民間事業者などの関係者と連携して社会全体のディジタル化を推進する取組を牽引することであり、オープンデータに関する政策も担うことになっている。

　米国では、第44代のオバマ大統領が政権公約としてオープンガバメントとオープンデータを掲げてから取組が加速し、大統領就任からわずか4か月後の2009年5月に政府のデータカタログサイト「data.gov」が立ち上がり、米国のオープンデータが公開されるようになった。米国に若干遅れたものの、英国でも2009年10月にデータポータルサイト「data.gov.uk」が開設された。我が国では、平成25年12月20日に各府省のオープンデータを公開する「データカタログサイト試行版」が開設され、平成26年10月から本格運用が開始されている。このサイトより、複数の府省が保有するデータを横断して一元的に取得することが可能となっている。

5.1　オープンデータ公開のレベル

　Webの発明者であるティム・バーナーズ＝リー氏が、オープンデータの公開のための五つ星スキームを提案している。これは、オープンデータという名の下で公開されていても、そのデータフォーマットなどはまちまちであるため、データのオープン化の状態を5段階の星 (★) の数で表したものである。なお、ティム・バーナーズ＝リー氏は、リンクトデータ (Linked

Data) の創始者でもある．リンクデータは，URI (Uniform Resource Identifier) を識別子として使用し，これにより世界に存在する情報，サービス，機器などの様々な資源 (リソース) に一意の名前を与えることができるものである．その結果，外部データからの特定なリンクが可能となり，機械可読なデータ間をリンク付けて Web 上に公開することが実現できる．URL (Uniform Resource Locator) も URI の一部である．

レベル 1

レベル 1 は★一つであり，機械を用いた編集が困難であるが，オープンライセンスで WWW 上で公開されているレベルである．自由な編集が困難であるため，PDF (Portable Document Format) 形式のデータや JPEG (Joint Photographic Experts Group) 形式等の画像データがこのレベルに入る．

レベル 2

レベル 2 は★二つであり，構造化データの形式になっていて機械での編集が可能なレベルである．特定のソフトウェアを使えば編集可能なデータがこのレベルに入り，例えばエクセル形式のデータが挙げられる．

レベル 3

レベル 3 は★三つであり，機械編集が可能で，かつ特定の商用ソフトウェアに依存しないレベルである．例として，テキストデータをコンマで区切った形式の CSV (Comma-Separated Values) ファイルや，非構造化データとして例示した XML，JSON ファイルは，様々なソフトウェアで編集可能であるため，このレベルに位置付けられる．

レベル 4

レベル 4 は★四つであり，現在の Web 標準のフォーマットである RDF (Resource Description Framework) に基づいてデータを公開しているレベルである．

レベル 5

レベル 5 は★五つであり，RDF の各要素に URI が設定され，リンクデータとして他のデータソースへのリンクによるデータネットワークを構成するレベルである．これにより公開されたオープンデータはリンクオープンデータ (LOD：Linked Open Data) と呼ばれる．

5.2　クリエイティブ・コモンズにおける 4 種の条件

著作権法上，著作物とは「思想又は感情を創作的に表現したもの」とされており，かつ「文芸，学術，美術又は音楽の範囲に属するもの」と位置付けられている．写真も該当しており，著作物をオープンデータとして公開する際は利用可能な範囲を明示するべきである．

クリエイティブ・コモンズ (Creative Commons) のライセンスは，著作物の作者が自身の許可した範囲内で，著作物をインターネット上に広く流通させることを可能とする国際的な許諾の枠組みである．クリエイティブ・コモンズは CC と略され，クリエイティブ・コモンズのラ

イセンスは CC ライセンスとも表記される．著作者は CC ライセンスの下で著作物を公開することで，著作権を保持したまま自由に流通させることができ，その利用者はライセンス条件の範囲内で改変や再配布をすることが可能となる．クリエイティブ・コモンズは，下記の 4 種の条件で構成されている．

表示 (BY/Attribution)： 元の著作物の創作者 (著作者) の氏名など，著作物に関する情報を表示すること

非営利 (NC/No-commercial)： 元の著作物を営利目的で利用しないこと

改変禁止 (ND/No-deriv)： 元の著作物を改変しないこと

継承 (SA/Share-alike)： 元の著作物のライセンス条件を継承し，同じ組合せの CC ライセンスで公開すること

これらの条件を組合せてできる 6 種類の CC ライセンスを表 5.1 にまとめてある．また，それぞれの CC ライセンスには図 5.1 に示すように公式アイコンが決まっている．著作物の作者は適切な組合せの CC ライセンスを付与して公開することになる．

　一方，CC ライセンスが付与された著作物を使用する場合には，以下の点に留意しなければならない．

- 著作物の CC ライセンスでの公開条件を確認する
- 著作物の使用にあたって，作者と CC ライセンスの条件を表示する
- 著作物に作品名がある場合は，それも表示する
- CC ライセンスのアイコンも表示することが望ましい

表 5.1　6 種類の CC ライセンス

ルール名称	表示	非営利	改変禁止	継承
表示ライセンス (CC BY)	有	無	無	無
表示-継承ライセンス (CC BY SA)	有	無	無	有
表示-非営利ライセンス (CC BY NC)	有	有	無	無
表示-非営利-継承ライセンス (CC BY NC SA)	有	有	無	有
表示-改変禁止ライセンス (CC BY ND)	有	無	有	無
表示-非営利-改変禁止ライセンス (CC BY NC ND)	有	有	有	無

(CC) BY	表示ライセンス (CC BY)
(CC) BY SA	表示－継承ライセンス (CC BY SA)
(CC) BY NC	表示－非営利ライセンス (CC BY NC)
(CC) BY NC SA	表示－非営利－継承ライセンス (CC BY NC SA)
(CC) BY ND	表示－改変禁止ライセンス (CC BY ND)
(CC) BY NC ND	表示－非営利－改変禁止ライセンス (CC BY NC ND)

図 5.1　公式アイコン

5.3　オープンデータの応用事例

Wikipedia (ウィキペディア) はその Web ページに「ウィキメディア財団が運営している多言語インターネット百科事典」と書かれており,「コピーレフトなライセンスのもと」で「サイトにアクセス可能な誰もが無料で自由に編集に参加できる」となっている. すなわち, Wikipedia における文章素材は「表示—継承 (CC BY SA)」の条件で二次利用可能であり, 投稿や発信に対して制限がされていないオープンデータのウェブ百科辞典である[1].

総務省統計局が公開している統計ポータルサイト e-Stat もオープンデータとして位置付けられる. このサイトには, 日本政府統計の全てが収録されていて, 収録内容の一例は以下の通りである.

- 国勢調査 (人口や世帯, 就業状態など)
- 経済センサス基礎調査及び活動調査 (事業所数, 従業員数, 売上など)
- 農林業センサス (経営体数, 従業者数, 耕地面積など)
- 全国家計構造調査 (家計における消費, 所得, 資産及び負債など)
- 住宅・土地統計調査 (居住状況, 保有する土地の実態など)
- 就業構造基本調査 (就業日数及び時間, 雇用形態, 所得など)

e-Stat からすぐに求めるデータが得られるとは限らないが, 分野別に探すことも可能であり, データを活用するためのページも用意されているので, 一度試してみるとよい.

地方創生の様々な取組を情報面から支援するために, 内閣官房及び経済産業省が平成 27 年 4 月から提供しているのが, 地域経済分析システムである. 英語名の Regional Economy and Society Analyzing System の頭文字を取って, RESAS (リーサス) と呼ばれている. 社会課題や研究課題の背景調査として, 産業構造や人口動態, 人の流れ等のビッグデータを可視化することもでき, データを PC のプログラムで取得する機能を提供する API (Application Programming Interface) も用意されている.

内閣官房 IT 総合戦略室 (令和 3 年 8 月に廃止) では, 様々な事業者や地方公共団体等によるオープンデータの利活用事例やアクティビティ (全国各地の特筆すべき継続的なイベント・プロジェクト等) を,「オープンデータ 100」という名称の事例集として公開してきた. 現在,「オープンデータ 100」はデジタル庁のオープンデータに関する Web サイトに掲載されており, その利活用事例の選定基準は

- オープンデータを利用した新規性かつ実用性のある事例であること
- 一時的な利活用事例ではないこと
- 原則的に既に登録済の利活用事例に類似の取組がないこと

であり, アクティビティの選定基準は

---

[1] オープンデータであることと, 内容の信頼性は別問題である. Wikipedia の信頼性に関しては様々な議論がある.

- オープンデータの普及を目的とした地域の特徴的な取組であること
- 継続性があること
- 主な利用者あるいは参加者が明確であること
- 広域で展開されている，若しくは展開可能な活動であること

となっている.

ここでは，「オープンデータ100」に掲載されていた最初の三事例を紹介する.

5.3.1 アグリノート

アグリノートはウォーターセル株式会社が開発した，農業事業者がPCやスマートフォンから正確かつ簡単に農作業を記録することができる，クラウドサービスを用いた農業支援システムである. 活用されているオープンデータは，農業水産消費安全技術センターが公開している農薬データベースであり，農薬登録情報としてエクセル形式とCSV形式で公開されている.

従来は，農業事業者は農作業の記録を手書きで管理するために多大な時間と労力を必要としたり，記録の汚損や記録忘れのリスクがあったりした. アグリノー

図 5.2 アグリノート (CC BY ウォーターセル株式会社/オープンデータ100)

トではこの点を改良するために，今までノートに記録していた，与えた肥料量や農薬使用量といった過去のデータと，これまで手間をかけて調べていた農薬データベースが，容易に同時に参照することができるようになっている. アグリノートの導入により，農業事業者はPCやスマートフォンなどから記録と集計が可能になり，「いつもの作業」の続きで国の農薬と肥料のデータベースを参照できるようになった. その結果，圃場やハウスなどからスマホで農薬・肥料データの確認が可能になった.

5.3.2 イーグルバス

イーグルバスはイーグルバス株式会社が開発した，バス運行状況の見える化サービスである. バスの入り口に設置した赤外線センサ[2]とGPS (Global Positioning System) により，停留所ごとの乗降人数と各停留所の通過時刻の計測データを収集し，各停留所の乗降数，乗車人数，バスの遅延の表示を行った. 更に，問題点の自動抽出やシュミレーション機能によって運行を見える化した.

---

[2] 人が発する遠赤外線を検知するセンサ.

　埼玉県ときがわ町の真ん中にハブとなるバス停留所を設置して，バスを集約して乗り換えるハブ＆スポークを実証し，輸送効率と利便性の向上を実現した．更に十勝地方 (北海道)，宇部市 (山口県)，ラオスのビエンチャン市のバスにも採用され，サービスの横展開も進められた．

　背景には，高齢化による定年退職者の増加，少子化による通学者の減少によって乗合バスの利用者が年々減少を続け，乗合バス事業者の経営が困窮を極めているという社会的な課題があった．そのため，勘と経験に頼った経営から，データを基にしたバス運行状況の見える化で輸送の

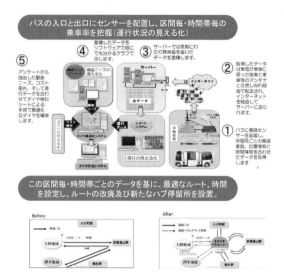

図 5.3　イーグルバス (CC BY イーグルバス株式会社/オープンデータ 100)

効率化を図るという目的をもったサービスとして立ち上げられた．更に，交通だけでなく地元の生活施設や観光施設を入れた拠点作りにまで発展させるコミュニティ形成を行うことによる，地域の活性化への貢献が期待される．

5.3.3　カーリル

　カーリルは株式会社カーリルが運営する，全国の図書館の蔵書情報と貸し出し状況を簡単に検索できるサービスであり，以下の三つの特徴がある．

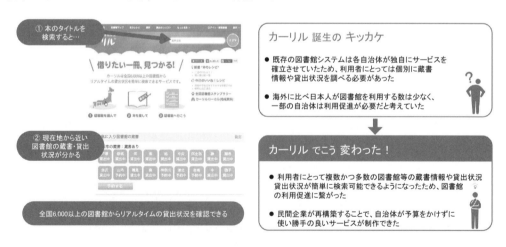

図 5.4　カーリル (CC BY 株式会社カーリル/オープンデータ 100)

高速で確実な検索：　複数の図書館の蔵書と Amazon 等の書誌データベースを同時に検索する，非常に高速な独自の検索方式を採用

洗練された楽しいデザイン：　本のカバーデザインやレビューを見ることができる，使って楽

しいインタフェース

読みたい本リスト を作成印刷: 「読みたい」ボタンを押すだけで自分のライブラリに追加でき，ライブラリは印刷可能

また，全国の図書館を対象としたリアルタイム蔵書検索を可能にする開発者向けの API 群も提供されている．

章 末 問 題 5

問 1 身の回りで CC ライセンスで公開されている例を調べよ．

問 2 自分自身に関連がある都道府県あるいは市町村がどのようなオープンデータを公開しているか，調べよ．

第 6 章

データ収集からデータエンジニアリングまで

　第1章で，データサイエンティストに必要なスキルは，データサイエンス力，データエンジニアリング力，ビジネス力の三つのカテゴリからなると述べ，データ分析の一連のサイクルを示した．本章では問題設定がなされたとして，問題解決に必要なデータ収集から，データ蓄積及びデータエンジニアリングに至るまでの過程について説明する．

6.1　データ収集

　データ収集は文字通りデータを集めることであるが，データの形式や種類，あるいは直面している課題の内容に応じて，その方法は千差万別である．大きく収集の方法を二つに分ければ，新規に集めるか，既に蓄積してあるデータを用いるかの二通りに分けられ，両者を組合せる場合もある．最初に新規に収集する場合を考えるが，データサイエンスで分析する対象としては通常ビッグデータが想定されるので，大量のデータを収集するために適している機械的な収集を取り上げる．

　まず，実世界の中の物理量を計測して，コンピュータで処理できるように収集するセンシングがある．センシングする対象に応じて用いるセンサを選定し，センサにインターネット通信ができるモジュールを組合せるとき，リアルタイムでデータを収集することが可能である．このようにあらゆるものをインターネットに接続する技術を総称して IoT (Internet of Things) と呼ぶ．収集するデータの送り先としては，直接データ分析をするコンピュータに送る場合，クラウドコンピューティングに用いるためクラウドサービスに送る場合，若しくは一旦センサと近い距離にあるエッジサーバに集約する場合などがある．また，扱う問題によりセンシングをする周期や精度も適切な設定をする必要がある．例としては，工場の生産ラインの管理や，農場の環境センシングが挙げられる．前章で紹介したイーグルバスの赤外線センサもセンシンググの事例である．監視や観測のために用いるカメラやマイクもセンシングデバイスの一種である．

　Web 技術がコンピュータとインターネットの利用を一般の人々に開放した，といっても過言ではない．検索データや商取引データ，動画，音楽データなどが，日々 Web を通じてインターネット上を駆け巡り，蓄積されている．様々な目的に沿った情報収集のため，Web 上を自動的に巡回してこれらのデータを収集することが行われており，クローリングと呼ばれてい

る．更に，クローリングしたデータから必要な情報のみを抽出することが，スクレイピングである．自動的にインターネットを巡回し，必要なデータを集めてくるプログラム (ソフトウェア) を一般的にクローラ[1]と呼ぶ．

既に蓄積されているデータを利用する場合は，データを集めたときの目的と現在取り組んでいる課題両方が合致しているかが重要である．逆にいえば，データを蓄積する場合には，その目的や収集方法などを明記しておく必要がある．また，複数のデータソースから相補的にデータを利用する場合は，データ形式や粒度などをそろえる必要がある．

6.2　データ蓄積

データを整理して蓄積する仕組みをデータベース管理システム (DBMS：DataBase Management System) と呼ぶ．システム内に蓄積されているデータの集まりがデータベース (DB：DataBase) であるが，場合によってはデータベースという言葉がシステムを表すこともあるので気を付けなくてはいけない．DBMS の必要性は大きく二点ある．一点目はデータと処理するプログラム (アプリケーション) を分離して，データの再利用を促進することである．もう一点はセキュリティの観点から，サイバー攻撃やシステム障害などに対するデータ保全機能を高めることである．

データベースは複数のデータを整理して管理することにより，要求があったときに目的のデータの探索とアクセスを容易にする役割がある．現在よく利用されているデータ構造は，2.3節に出てきたリレーショナルデータベース (RDB：Relational DataBase) である．RDB は表形式であり，行にデータであるレコードが入り，列にはデータの属性を並べた形になっており，人間の目でも分かりやすい形式になっている．

しかしながら，ビッグデータの時代には大量のデータ，非構造化データが増えてきており，RDB では管理が困難になってきた．そのため，SQL とは異なるデータ管理を行う NoSQL (Not only SQL) が使われてきている．NoSQL には主に四つのタイプがある．

キー・バリュータイプ

　　キーとバリュー (値) をペアにした非常に単純な構造でデータが格納される．バリューにはバイナリデータや，リスト化されたデータが格納でき，応答が速い．

カラムストアタイプ

　　行ではなく，列方向のデータのまとまりをファイルシステム上の連続した位置に格納し，大量の行に対する少数の列の集約や，同一の値をまとめるデータ圧縮などを効率的に行えるデータベースである．

ドキュメントタイプ

　　キー・バリュータイプの考え方を拡張して，XML や JSON のようなデータ構造を柔

---

[1] 検索ロボット，ボット (bot)，スパイダー (spider) などと呼ばれることもある．

軟に変更できるドキュメントデータを，一意に特定できるキーで割当てて格納する．

グラフタイプ

グラフ理論に基づいて，ノード，エッジ，プロパティの3要素によって決まるデータを単位として，ノード間の関係性をグラフで表現する．上記の3タイプとは異なりノード間の関係性をもつが，RDBとは異なる表現であるためNoSQLとして分類される．

6.3 データエンジニアリング

収集されたデータはそのままの形で分析に使えることは少なく，分析に適した形のデータに整形する必要がある．収集直後のデータは「生 (なま) データ」とも呼ばれ，整形することを前処理と呼ぶこともある．図6.1には生データの一例として，Webサイトのアクセスログの一部を示したものである．この生データから分析に必要な部分だけを抽出し整形した結果が表6.1である．

```
192.0.3.111 - - [15/Oct/2019:12:34:56 +0900] "GET / HTTP/1.1" 200 5123 "-" · · ·
192.0.3.123 - - [15/Oct/2019:13:21:12 +0900] "GET / HTTP/1.1" 403 4925 "-" · · ·
```

図 6.1　Web サイトのアクセスログ

表 6.1　図 6.1 を整形したデータ

IP アドレス	アクセス日時	ステータス
192.0.3.111	2019/10/15 12:34:56	200
192.0.3.123	2019/10/15 13:21:12	403

なお，生データには，分析の精度に悪影響を与える可能性があるノイズ，欠損値，外れ値などが含まれているので，これらを適切に処理する必要がある．また複数のDBMSからデータを集めて利用するときに，それぞれ異なる形式となるので合わせる必要が出てくる．以下では，これらを全て前処理と呼び，よく用いられる手法を示す．なお，カテゴリデータを数値に変換することや，重複しているデータをまとめることも前処理の一つであり，実務においてはデータサイエンティストの仕事の8割は前処理といわれるほど比重が大きい．

6.3.1 データクレンジング

クレンジングには汚れを落とすという意味があり，データクレンジングは文字通りデータをきれいにすることであり，データクリーニングともいわれる．データの汚れに相当するものとして，ノイズ，欠損値，外れ値がある．データの性質や特徴によりデータクレンジングに用いる手法は異なるため，代表的な方法について述べる．

ノイズとしては，例えば音声データの場合には必要とする音声以外に背景音などがある．音は周波数によって弁別することが可能であるため，必要な周波数だけを取り出すためのフィル

タリングを行うことで，背景音などをノイズとして取り除くことができる．画像データの場合
も撮影時の信号の変動や符号化の影響で，望ましくない値がノイズとして入ってしまうことが
ある．画像データに対しても周波数領域でフィルタリングを行うことで，不要なノイズを除去
することが可能である．更に画像の特徴量として輪郭 (エッジ) や領域を検出することで，分析
に用いたいデータのみを抽出することもできる．

　欠損値とは得られているべきところにデータがないもの，あるべきデータのところに値がな
いものである．こういうときは欠損値のあるデータのレコードを削除してしまい，分析に用い
ないということが一つの自然な考え方である．ただ，複数の属性の中でただ一か所だけ欠損値
がある場合などは，それが原因でレコードを削除してしまうのはデータの有効利用の観点から
避けたい場合がある．このような場合は欠損している属性データを他のレコードの平均値や中
央値などで補完することもできる．

　外れ値は，他のデータとは大きく離れた値を示しているデータである．外れ値に対する対応
はほぼ欠損値に対するものと同じであるが，そもそも外れ値と判断する範囲をどのように決定
するかが重要であり，問題に対してケースバイケースで対応する必要がある．異常値は外れ値
に含まれるもので，一般に値の外れている理由が判明しているものと説明されている．英語で
は，外れ値も異常値もどちらも outlier と呼ばれている．

　図 6.2 は，異常値と欠損値に対してデータクレンジングを処置した例である．左側の表で示
されるデータ中で最高気温 57.4°C は異常値とみなされ，平均湿度の 3 行目が欠損値となって
いる．そこで異常値である 5 行目のレコードは削除し，平均湿度の 3 行目は他のデータの平均
値で補完した結果，右側の表が得られたことを示している．

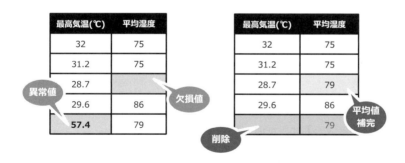

図 6.2　データクレンジングの例 (NTT コムウェア (株) 提供)

6.3.2　データ変換

　データエンジニアリング後に適用するデータ分析のモデルを想定して，データを指定のフォー
マットに変換する必要がある．代表的なものがデータの正規化であり，数値データを決められ
た範囲に変換することである．対象となるデータの最大値を $x_{\max}$，最小値を $x_{\min}$ とすれば，
全てのデータを最大値 1，最小値 0 の範囲に収めるためには，元の i 番目のデータを x^i とすれ

ば，正規化後の i 番目のデータ x_{Scale}^i は以下の式で与えられる．

$$x_{\text{Scale}}^i = \frac{x^i - x_{\min}}{x_{\max} - x_{\min}} \tag{6.1}$$

正規化は Min-Max スケーリングとも呼ばれ，英語では Min-Max normalization と称される．正規化はデータの最小値と最大値の範囲が明らかである場合に適しているが，一方で外れ値が計算結果に大きく影響するため，事前に外れ値は取り除く必要がある．

　データの標準化もよく用いられ，異なるデータセット間で平均値と分散が同じになるように変換することである．平均値が 0, 分散 (標準偏差) が 1 となるように全てのデータを変換することが多く，対象となるデータの平均値を μ，標準偏差を σ とすれば，元の i 番目のデータ x^i は，以下の式で標準化後の i 番目のデータ $x_{\text{Standardization}}^i$ に変換される．

$$x_{\text{Standardization}}^i = \frac{x^i - \mu}{\sigma} \tag{6.2}$$

標準化は正規化より外れ値の影響は受けにくく，最小値と最大値の範囲が不明確な場合に用いる．標準化は，英語では z-score normalization と称される．

　これらの手法は，データを機械学習モデルに入力するときにデータの範囲を一定の範囲に収めるためなど，データの前処理として用いられる．また，学習モデルの入力データとして適切な特徴量に変換するため，特徴量エンジニアリングと呼ばれることもある．そもそも，第2章で示したアナログデータをディジタルデータに変換する A/D 変換が，根本的なデータ変換といえる．

　2.2.1 項で，データは大きく数量データとカテゴリデータの二つに分けられることを述べた．前者は数値として扱われるデータであり，後者は数値としての扱いが不可能なデータである．統計解析や機械学習では数値的な計算でデータを扱うことが多いため，カテゴリーデータを何かしらの方法で数値に置き換える必要があり，このときに用いられる変数がダミー変数と呼ばれるものである．

　カテゴリーデータが二者択一の場合，例えばある質問に対して必ず「はい」か「いいえ」のどちらかの回答で集められたデータの場合は，「はい」に 1,「いいえ」に 0 を割り振って数値化する．1 と 0 の割当ては逆でも問題ないが，「はい」「あり」「当てはまる」というように positive を表す方を 1 とし，「いいえ」「なし」「当てはまらない」というような negative を表す方を 0 とするのが慣例的である．

　カテゴリーデータ内のデータ数が三つ以上の場合は，データ数に応じたダミー変数を作る必要がある．例えば，洋服のサイズが三つしかなく「L」「M」「S」のいずれかに分類する場合は，ダミー変数として「Size_L」「Size_M」「Size_S」を作り，該当する変数だけ 1 とし，残りを 0 とする方法がある．このようなダミー変数の割当て方を One-hot Encoding と呼ぶ．上記の例では，洋服のサイズが三つと決まっているのであれば「Size_S」は用いる必要はない．「Size_L」「Size_M」の双方とも 0 であれば自動的にサイズが S となるからである．カテゴリー変数を使用する線形回帰では，このようにダミー変数の数はカテゴリー数より 1 小さくする必

要がある．カテゴリー数と同じ数だけダミー変数を設けると，必ず一つの変数は他の変数から予測できるため，変数同士が独立でなければならないという前提が成り立たなくなるためである．これをダミー変数トラップという．

One-hot Encoding では，カテゴリー数が多くなるほどそれだけダミー変数の数も増えてしまう．より簡単にカテゴリーデータを数値化する方法は，数値を割当てる変数を一つだけにして，各カテゴリーに対して別の数値で表されるラベルを割り振る方法である．先ほどの洋服の三つのサイズの例では，変数として「Size」を作成し，「L」に 0，「M」に 1，「S」に 2 を割り振る方法となる．この割当て方を Label Encoding と呼ぶ．Label Encoding では，元々大小関係がなかったカテゴリー間に，数値による順位付けや大小関係が入り込んでしまうため，統計解析や機械学習でよい結果にならない場合があることに留意しなければならない．

6.3.3　データ統合

データ統合は，異なる手法で収集されたデータや，様々なデータベースにある複数のデータを統一的に扱うことができるように整合させる処理である．データ間の一貫性を保つことが重要であり，単位の統一，年号，時刻等の表記の統一，表記ゆれへの対応などを行う．例としては，「2024 年」と「令和 6 年」の混在に対する「2024 年」への統一や，「新潟大」や「新大」の「新潟大学」への変換である．

章 末 問 題 6

問 1　NoSQL データベースの一つに MongoDB がある．MongoDB は本文で紹介した NoSQL の四つのタイプのどれに分類するのが適切か．

問 2　以下の (a) から (c) は，データクレンジング，データ変換，データ統合のいずれに該当するか．

(a)　時刻表記が 12 時間制と 24 時間制の両方が混在していたので，どちらか一方に統一した．

(b)　毎日体温を測定して記録していたが，計測データのない日があり，前後 4 日間のデータで補った．

(c)　各学年の垂直飛びデータを，最大値を 1 に，最小値を 0 に変換するようにして統一した．

第 7 章

データサイエンスにおけるデータ分析

本章では，図1.5 のデータサイエンスサイクルのデータ分析について述べる．データエンジニアリングにより整形されたデータを用いて，対象としている問題に対して有用な情報をデータから抽出する過程がデータ分析である．データ分析の結果は問題解決に有効に役立てられなくてはならず，人間が正しく評価できるものでなくてはならない．

7.1 相 関 係 数

3.5 節に出てきた基本統計量を求め，それに基づいてデータの特徴を評価することで，データのもつ基本的な特徴を理解することができる．グラフによる可視化も重要な分析手法である．ヒストグラムを作成した際に，偏り具合がどの程度あるかなどを直感的に確認できる．更に，最大値と最小値でデータの範囲，平均値でデータの代表的な値，分散や標準偏差でデータのばらつき具合が客観的に説明できる．

二種類のデータ間の関係を可視化するために散布図を用いることを3.3 節で述べたが，2 変数間の関係性を客観的に示すためには相関係数が用いられる．対になる二種類のデータ変数 x, y があり，それぞれ n 個のデータ $(x_1, y_1), (x_2, y_2), \ldots, (x_n, y_n)$ が得られているものとする．このとき x と y の相関係数 r は以下で与えられる．

$$r = \frac{\dfrac{1}{n} \sum_{i=1}^{n} (x_i - \overline{x})(y_i - \overline{y})}{\sqrt{\dfrac{1}{n} \sum_{i=1}^{n} (x_i - \overline{x})^2} \sqrt{\dfrac{1}{n} \sum_{i=1}^{n} (y_i - \overline{y})^2}} \tag{7.1}$$

$$= \frac{s_{xy}}{s_x s_y} \tag{7.2}$$

ここで s_x と s_y はそれぞれ x と y の標準偏差であり，s_{xy} は x と y の共分散と呼ばれる．相関係数は -1 から 1 の範囲の値を取り，相関関係が正の場合は二変数間には正の相関があるといい，負の場合は負の相関があるという．また，散布図上でデータが直線的に配列していれば，相関係数の絶対値は 1 に近い値を取り，二変数間には強い相関がある．逆に相関係数の絶対値が 0 に近い値のときは相関が弱く，相関係数が 0 であれば無相関という．一般的な相関係数の値と相関の強さの関係を表7.1 に示すが，あくまでも目安であり，実際のデータの散布図上の

表 7.1　相関の強弱

相関係数	相関の強弱
$0.7 < r \leq 1.0$	かなり強い正の相関がある
$0.4 < r \leq 0.7$	正の相関がある
$0.2 < r \leq 0.4$	弱い正の相関がある
$-2.0 \leq r \leq 2.0$	ほとんど相関がない
$-0.4 \leq r < -0.2$	弱い負の相関がある
$-0.7 \leq r < -0.4$	負の相関がある
$-1.0 \leq r < -0.7$	かなり強い負の相関がある

配置を確認することが必要である.

　相関関係と混同されがちなのが因果関係である. 因果関係では, 一方の変数 (原因側) がもう一方の変数 (結果側) の原因となっていて, 原因側の変数を変化させると結果側の変数も変化するという関係である. 相関関係は, 二つの変数の間にある何らかの関係を示しているが, どちらかの変数が他の変数の直接的な原因になっているとは限らない. したがって相関関係が認められたからといって, 因果関係があると断言してはいけない.

7.2　単回帰分析

　具体的なデータを用いて分析例を示す. 気象庁は種々の気象データをオープンデータとして Web 上で公開しており, 幅広い用途で手軽に利用できるように一般に提供している. このオープンデータより 2019 年から 2021 年の新潟市の月ごとの平均気温と平均蒸気圧のデータを収集し, 3.3 節で述べた散布図で示したものが図 7.1 である. 図 7.1 の横軸が平均気温, 縦軸が平均蒸気圧で, 36 個のデータが表示されている. これら二つのデータ変数間の相関

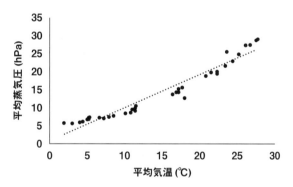

図 7.1　新潟市の月ごとの平均気温と平均蒸気圧 (2019 年から 2021 年)
(「新潟 (新潟県) 2017 年から 2019 年 (月ごとの値) 主な要素」(気象庁) を参考に作成)

係数は 0.969 となり, 強い正の相関があることが分かる.

　更に, このように 2 変数の関係性が分かったときに, 一方の変数の観測により他方の変数の値を予測することを考える. 最もよく用いられる手法が回帰分析である. 回帰分析では, 予測のために用いられる変数を説明変数, 予測される変数を目的変数と呼び, 目的変数の予測や分析を説明変数を用いて行うことが目的である.

　相関係数は, 散布図上で 2 変数に直線的な関係があるときには絶対値が 1 に近い値を取るも

のであったので，この直線的な関係性を用いて予測することを考える．この場合は目的変数 y に対して一つの説明変数 x を用い，以下のような関係式 (回帰式) を求めることになる．

$$y = ax + b \tag{7.3}$$

a は (単) 回帰係数であり，b は定数項である．ここで，n 個の観測データ (x_i, y_i) $(i = 1, \ldots, n)$ が得られているものとする．観測データ x_i に対して回帰式により y_i の推定値 $\widehat{y}_i$ が求まる．

$$\widehat{y}_i = ax_i + b \tag{7.4}$$

このとき，実際の観測データの値と推定値の差を残差 e_i と呼び，以下のように求められる．

$$e_i = y_i - \widehat{y}_i = y_i - (ax_i + b) \tag{7.5}$$

　この残差の全ての観測データに対する平方和 (残差平方和) を最小にするように，最小二乗法により a と b を決定する．全ての観測データに対する残差平方和を $E(a, b)$ とすると，

$$E(a, b) = \sum_{i=1}^{n} [y_i - (ax_i + b)]^2 \tag{7.6}$$

となる．以下 $E(a, b)$ は単に E とする．E を変数 b によって偏微分し，0 とおく．

$$\frac{\partial E}{\partial b} = 2 \sum_{i=1}^{n} [y_i - (ax_i + b)] \cdot (-1) = 0 \tag{7.7}$$

上記の式より以下の式が導かれ，最終的に b が求まる．$\overline{y}$, $\overline{x}$ は 3.5.1 項で出てきた平均値である．

$$\sum_{i=1}^{n} y_i = a \sum_{i=1}^{n} x_i + nb \tag{7.8}$$

$$b = \frac{1}{n} \sum_{i=1}^{n} y_i - a \frac{1}{n} \sum_{i=1}^{n} x_i = \overline{y} - a\overline{x} \tag{7.9}$$

　同様に E を変数 a によって偏微分し，0 とおく．

$$\frac{\partial E}{\partial a} = 2 \sum_{i=1}^{n} [y_i - (ax_i + b)] \cdot (-x_i) = 0 \tag{7.10}$$

上記の式より，以下の式が導かれる．

$$\sum_{i=1}^{n} x_i y_i = a \sum_{i=1}^{n} x_i{}^2 + b \sum_{i=1}^{n} x_i \tag{7.11}$$

ここで全ての項を n で割ることにより次式が求まる．

$$\frac{1}{n} \sum_{i=1}^{n} x_i y_i = a \frac{1}{n} \sum_{i=1}^{n} x_i{}^2 + b \frac{1}{n} \sum_{i=1}^{n} x_i \tag{7.12}$$

$\dfrac{1}{n} \sum_{i=1}^{n}$ はその引数の平均値を求めていることになるので，平均値を示す記号を使い，

$$\overline{xy} = a\overline{x}^2 + b\overline{x} \tag{7.13}$$

となり，ここに $b = \overline{y} - a\overline{x}$ を代入すれば

$$\overline{xy} = a\overline{x}^2 + (\overline{y} - a\overline{x})\overline{x} \tag{7.14}$$

となる．最終的に a は以下のように求まる．

$$a = \frac{\overline{xy} - \overline{x}\,\overline{y}}{\overline{x^2} - \overline{x}^2} = \frac{s_{xy}}{s_x{}^2} \tag{7.15}$$

s_{xy} は x と y の共分散，s_x は x の標準偏差である (3.5.1 項を参照)．

以上をまとめると，a, b は

$$a = \frac{s_{xy}}{s_x{}^2} \tag{7.16}$$

$$b = \overline{y} - a\overline{x} \tag{7.17}$$

で決定することができ，このように回帰式を求めることを回帰分析という．説明変数が一つ (ここでは平均気温) である場合は単回帰分析となる．図 7.1 の中に描かれている点線が，36 点の観測データの回帰分析で求められた回帰直線である．

なお，回帰分析において「線形回帰」というときの「線形」は，回帰式が線形結合の形をしていることを指しており，関数のモデルが一次関数 (直線) ということを意味するものではないことに，注意が必要である．また，上記の例では平均気温と平均蒸気圧の関係を一次式で関係付けたが，これは着目する現象をどうモデル化するかによって定まるものであり，統計学的知見のみならず，その現象の背後にあるより深い知識や理論を必要とすることもある．

7.3 重回帰分析

単回帰分析に対し，複数の説明変数が目的変数に与える影響を分析するのが，重回帰分析である．目的変数 y に対して k 個の説明変数 $x^{(1)}, x^{(2)}, \ldots, x^{(k)}$ を用い，以下のような回帰式を用いる．

$$y = a^{(1)}x^{(1)} + a^{(2)}x^{(2)} + \ldots + a^{(k)}x^{(k)} + b \tag{7.18}$$

ここで，$a^{(i)}$ $(i = 1, \ldots, k)$ は偏回帰係数であり，b は定数項である．ここでも，n 個の観測データ $(x_i^{(1)}, x_i^{(2)}, \ldots, x_i^{(k)}, y_i)$ $(i = 1, \ldots, n)$ が得られているものとする．単回帰分析と同様に，各偏回帰係数と定数項は残差平方和をそれぞれのパラメータに対して最小化することで推定できる．

表 7.2 に，60 歳以上の日本人男性 100 名の身長，体重，手の長さを示す．これらのデータより体重と手の長さから身長を求める重回帰式は以下のように求められる．

$$身長 = 0.123 \times 体重 + 1.17 \times 手の長さ + 78.4 \tag{7.19}$$

重回帰式により，二つの説明変数「体重」と「手の長さ」から目的変数「身長」を推定することができる．ただし，求められた偏回帰係数は，各説明変数が目的変数にどの程度影響を与えているかを直接的には表していないことに気を付けなくてはいけない．偏回帰係数が各説明

表 7.2　日本人男性 (60 歳以上) の身長，体重，手の長さ

個人番号	身長 (cm)	体重 (kg)	手の長さ (cm)
1	170.9	66.1	74.1
2	175.1	60.9	73.6
3	170.7	71.5	77.7
4	171.7	51.8	75.6
5	170.8	58.2	73.3
⋮	⋮	⋮	⋮
96	169.8	63.2	73.8
97	165.8	55.0	69.3
98	166.8	58.8	70.4
99	178.8	69.0	74.9
100	167.5	58.7	73.0

変数の目的変数への影響度を反映するようにするためには，まず 6.3.2 項で述べたデータの標準化を施してから偏回帰係数を求めなくてはならない．このように求められた偏回帰係数は標準偏回帰係数と呼ばれ，重回帰式における各説明変数の目的変数に対する影響度を表す指標である．

7.4　機械学習による分析

人間は，過去に解決した経験のある問題と似た新たな問題に遭遇した際，その過去の経験を基に，より新たな問題でも解決することができる．このような人間の行為を模倣するように，コンピュータ (機械) に問題を解かせる手法が機械学習である．機械学習は大きく，教師あり学習 (supervised learning)，教師なし学習 (unsupervised learning)，強化学習 (reinforcement learning) の三つに分けることができる．表 7.3 に三つの手法の比較を示す．

教師あり学習は，あらかじめ正解が分かっているデータが与えられている状況で，機械が出す結果の正解率ができる限り高くなるように学習のモデルを構築していくものである．ここでモデルというのは，数式，関数，グラフ構造などで入出力関係を記述できるものと考えてよい．データに正解を与えることを，ラベル付けあるいはアノテーションと呼ぶ．

教師なし学習では，正解は与えられず，データのみからある一定の法則を導き出すものである．特に，データ全体をいくつかのグループに分割するクラスタリングに用いられることが多い．

強化学習においては正解は与えられないものの，ある行動を起こした場合に与えられる報酬が定義されており，できる限り受け取る報酬が多くなるように試行錯誤で行動を決定していく．行動する主体は通常エージェントと呼ばれ，ロボットの行動学習やゲームにおける戦略学習に用いられる．

データサイエンスにおいても，収集されたデータに対して適切な学習手法を用いることによ

表7.3　機械学習の分類

	教師あり学習	教師なし学習	強化学習
特徴	学習データに正解のラベルが与えられている.	学習データに正解は与えられていない.	学習時の行動に対する報酬が与えられている.
手法の概要	学習データの入出力関係を表すモデルを構築する.	学習データの構造やパターンを推測し，モデル化する.	エージェントが試行錯誤しながら行動し，高い報酬が得られる行動を選択するようにモデルを構築する.
適用される課題	学習済みのモデルを用いた未知データに対する予測であり，予測結果は課題に応じて回帰や分類となる.	推測されたモデルを用いて，共通する特徴をもつデータごとに分類するクラスタリングに向いている.	システムを制御する際の最適化のモデルや，ゲームにおける戦略の獲得に用いられる.
代表的な手法	決定木，ランダムフォレスト，ニューラルネットワーク，サポートベクターマシン(SVM：Support Vector Machine)	Ward法，k-means法，主成分分析(PCA：Principal Component Analysis)	Q学習，TD学習，DQN (Deep Q-Network)

り，データから学習モデルを構築したり，データのもつ意味を引き出したりなどの分析が可能である．以下では教師あり学習について説明する．収集されたデータには複数の属性があり，その中の一つの属性を目的変数とし，残りの属性を説明変数とする．求めるべき学習モデルは，説明変数を入力した場合に目的変数を出力とするものである．このような学習モデルを構築するための手法としては，最小二乗法，決定木，ニューラルネットワーク，サポートベクトルマシンなど様々なものが提案されている．

7.4.1　決　定　木

データがいくつかのグループに分けられるという問題で，このときグループをクラスと呼び，収集されたデータには分類されるクラスが正解として付いているものとする．クラス以外のデータ属性値が説明変数として入力され，それに対応するクラスを目的変数として出力するモ

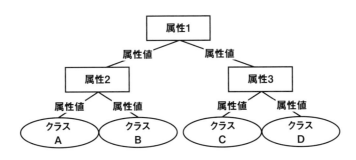

図7.2　決定木による分類の概略

デルである．図 7.2 に決定木による分類の概略を示す．説明変数として属性 1，属性 2，属性 3 が与えられていて，データの値により分岐が起こり，最後に到達する結果が目的変数で表されるクラスとなる．図 7.2 に示す構造が，一番上の属性 1 の部分を根とみなして次第に枝分かれしていくので，これを木 (ツリー) の形状と呼ぶ．決定木はこのような木形状をもった分類器である．分類器とは，データをクラスごとに分類することを目的とした，機械学習のモデルのことである．

　表 7.4 に示されている 8 種類の脊椎動物のデータを分類する決定木を作成する．一番上の行に示している 4 本足から肺呼吸までの 5 項目が説明変数である属性であり，目的変数であるクラスは哺乳類など 5 種類となっている．各属性に対する属性値は該当するか，しないかのカテゴリデータとなっており，表 7.4 では該当する場合に○，該当しない場合は×となっている．このデータを基に，哺乳類と哺乳類以外を分類する決定木を作成した結果が，図 7.3 と図 7.4 である．どちらの決定木を用いても，与えられたデータは正しく分類されるが，分岐が少なく構造が単純な図 7.4 の方が決定木として望ましいことが多い．決定木を作成するアルゴリズムとしては，ID3 (Iterative Dichotomiser 3)，C4.5，CART (Classification And Regression Trees) などが知られている．

表 7.4　動物と属性

動物名	4 本足	恒温	卵生	体毛	肺呼吸	クラス
チンパンジー	○	○	×	○	○	哺乳類
ワニ	○	×	○	×	○	は虫類
ライオン	○	○	×	○	○	哺乳類
アヒル	×	○	○	○	○	鳥類
ゾウ	○	○	×	○	○	哺乳類
マグロ	×	×	○	×	×	魚類
クジラ	×	○	×	○	○	哺乳類
カエル	○	×	○	×	○	両生類

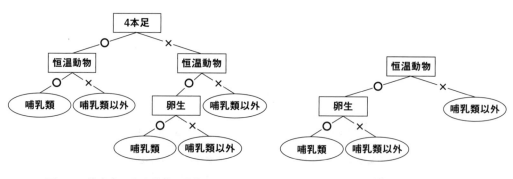

図 7.3　決定木による動物の分類 (1)　　　　図 7.4　決定木による動物の分類 (2)

7.4.2 ニューラルネットワーク

人間の脳は，膨大な数の神経細胞が複雑につながりあって形成されていて，それは特徴的な構造をもったネットワークのようである．神経細胞の中を信号が伝達することにより，認知などの機能が発現されることが分かっている．このメカニズムを人工的に再現しようとしたものが，ニューラルネットワーク (Neural Network) であり，神経回路網とも呼ばれる．

図7.5 は一つの神経細胞を模式的に示したものである．神経細胞の細胞体から複数の樹状突起と通常は一本の軸索が出ている．一つの神経細胞の軸索は別の神経細胞の樹状突起との間で，信号を伝達するためのシナプスという構造を形成する．軸索は信号を送り出し，その信号がシナプス構造を通じて樹状突起で受け取られる．多数のこのような神経細胞のつ

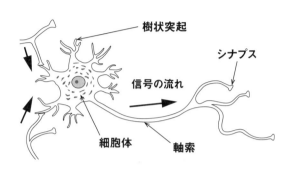

図 7.5　模式的に示した神経細胞

ながりを実現するニューラルネットワークのモデルにも様々な種類があり，教師あり学習にも教師なし学習にも用いられているが，ここでは教師あり学習に通常用いられる図7.6 に示す階層形ニューラルネットワークを取り上げる．図7.6 に示す階層形ニューラルネットワークは簡単な構造のものを示しており，入力層，中間層，出力層の三層からなるものである．実際の神経細胞の細胞体に相当するところが丸で示されていて，丸の間の線が信号を伝達する神経細胞の樹状突起に相当する．丸をノードと呼び，線をエッジと呼ぶこととする．それぞれのエッジには重みと呼ばれる変数が付けられており，重みが大きいほど信号が強く伝わることを表す．

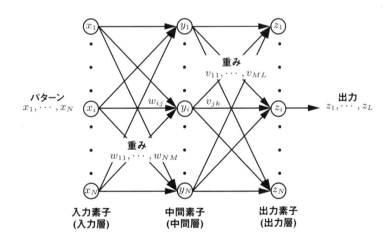

図 7.6　階層形ニューラルネットワーク

入力信号は入力層のノードに与えられ，入力層側のノードから出力層側のノードに一方向に伝達される．中間層における一つのノードでは，入力側からつながっているエッジに入ってく

る信号と重みを用いてノード内で計算が行われ，出力側に出ているエッジにその結果が伝えられる．最後の出力層のノードから出てくる答えが出力となる．

　収集されたデータの一つの属性値を求めるべき目的変数としたとき，それ以外の属性値が説明変数となる．したがって，説明変数を入力としてニューラルネットワークに入れたとき，対応する目的変数の値が出力として出てくることが目標となる．正解が与えられている全ての学習データに対して，この目標をできる限り達成できるようにするためには，変数となっている重みをうまく調整することが必要である．この調整を行うために考えられた手法がバックプロパゲーション (Back Propagation) 法であり，日本語では誤差逆伝播学習法と呼ばれる．これは最急降下法の原理に基づいて，ニューラルネットワークが計算した出力値と正解の値との差を誤差とし，出力層側から入力層側まで順次重みを更新していくものである．学習が成功すると，与えられた入力に対して望ましい出力結果が出てくる学習モデルが構築される．

　2010年代より，画像認識などで高い正解率を挙げ注目されているディープラーニング (Deep Learning：深層学習) は，非常に簡単にいうと，中間層の数を多くしたニューラルネットワークを用いて学習させる手法である．ノードやエッジの数が膨大になり学習に時間がかかるが，ニューラルネットワークのもつモデルの表現能力も増大し，多様で複雑な問題に適用できるようになったわけである．

　図7.7に，学習モードと認識モードで構成されるディープラーニングの概要を示す．両方のモードに共通のニューラルネットワークのモデルが用いられている．画像を学習する例が示されており，まず学習モードでいくつかのクラスに分類される大量の画像データが順次入力される．ここでは，ネコ，イヌ，サルの三種類の画像クラスに分類される画像データが入力され，モデルの出した「ネコ」という出力と正解の教師データによる「イヌ」が違っていた場合にそれが誤差となり，モデルの更新が行われる様子が示されている．そして認識モードでは，学習

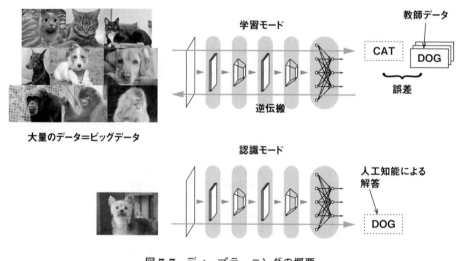

図7.7　ディープラーニングの概要

が終わったニューラルネットワークに未知のイヌの画像データが入力されたときに、正しく「イヌ」と判定されていることを示している.

7.4.3　学習モデルの精度分析

回帰分析や機械学習における目的は、説明変数から目的変数を予測することであるが、その予測する内容によって分類と回帰に分けることができる. 分類は、データがいくつかのクラスと呼ばれるグループに分けられる場合に、説明変数に基づいてデータが属するクラスを予測するような分析手法である. 予測されるクラスが目的変数に対応する. 一方で、回帰は説明変数に基づいて出力される目的変数を、連続値として予測するものである. 説明変数から目的変数への予測を実現する方法は、定式化されたものであったり、計算機に実装されたアルゴリズムであったりと多様であるが、まとめて学習モデルと呼ぶこととする. どのような説明変数 (特徴量) を用いて、どのような学習モデルを構築するかということは重要なことである. それとともに、ただ単に学習モデルができればよいわけではなく、得られた学習モデルの予測精度の良し悪しを評価しなければならない. そこで、ここでは学習モデルの精度の評価方法について述べる.

機械学習の教師あり学習を取り上げる. 学習モデルの精度評価のために、手元にある説明変数と目的変数の具体的数値が分かっている教師データを、あらかじめ訓練データとテストデータに分ける. ここで、訓練データは学習モデルの構築に用いるデータで、テストデータは構築された学習モデル性能を確かめるデータである. 学習モデルは訓練データに基づいて作られるので、再び訓練データを用いて性能を確かめても望ましい結果になるのは当然であり、正しいモデル評価にはならない. そのため、学習に用いないテストデータを未知データとして用いて、学習モデルの出力結果が本来の目的変数の値に合致しているかどうかを評価するのである. このように教師データ全体を訓練データとテストデータに分割し、モデルの精度を確かめる手法をホールドアウト法と呼ぶ.

ここで、教師あり学習でしばしば問題となる過学習を説明する. 過学習とは、訓練データに非常によく適合するように学習し過ぎて、テストデータで評価したときに学習モデルの結果が目的変数の値に合致しにくくなる現象である. 図 7.8 を見てもらいたい. 小さな 10 個の丸が訓練データを表しており、振動の大きな曲線がこの 10 個の点を確実に通るようにモデルを構築したものである. 一方、よりゆるい曲線で 10 個の点の付近を通るように、

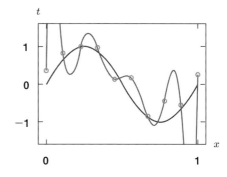

図 7.8　過学習の概念図

学習モデルの次元を下げて構築したものも併せて示してある. これだけからは真実は分からないが、データは通常ノイズと呼ばれる誤差を含んでおり、訓練データの間の点が得られるとしたら、ゆるい曲線に沿うようになると考える方が自然ではないだろうか. この場合、振動の大

きな曲線は訓練データに対して完全に合致するように学習されており，過学習の状態にあるといえる．過学習が起こってしまうとモデルの汎化能力が欠如するので，避けなければならない．

　過学習を避けるための一つの方法として，学習の途中でも訓練に用いていないデータによりモデル性能を確かめる方法がある．このような目的で用いられるデータを検証データと呼ぶ．しかしながら，教師データの数は限られており，先に述べたテストデータは別にしておかなくてはならないので，更に検証データを用意するのはデータ数の観点から困難な場合がある．そのような際に用いる手法が交差検証 (クロスバリデーション) である．交差検証の中でもよく用いられるのが k 分割交差検証である．データを等しく k 個に分け，分けられた各データの集まりをブロックと呼ぶことにする．k 分割交差検証では一つのブロックだけ検証用に残し，残りの $(k-1)$ 個のブロックのデータで学習を行い，学習後に検証データでモデルの精度評価を行う．検証用のブロックを順次変えて，k 個のブロックが 1 回ずつ検証データになるように k 回学習を行って精度の平均を取る手法である．

　図 7.9 に，ホールドアウト法と k 分割交差検証法を併用した例を示す．l 個の教師データが得られていた場合を想定し，テストデータとして m 個を取り除き，残りの n 個のデータを等しく k 個のブロックに分け，一つずつブロックを検証用に残し，残りの $(k-1)$ 個のブロックのデータを訓練データとして学習を行い，残しておいた検証データで精度を評価する．例えば，図 7.9 において，200 個の教師データが得られていた場合に，テストデー

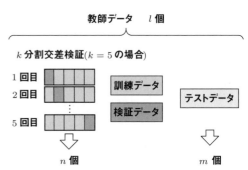

図 7.9　ホールドアウト法と k 分割交差検証を併用した例

タとして 50 個を取り除き，残りの 150 個のデータを等しく 5 個に分け，一つのブロック当たりのデータ数を 30 個とする．1 回目の学習では，1 番目のブロックを検証データとし，残りの 120 個のデータでモデル学習を行い，学習後に検証データで精度を求める．次に 2 回目の学習では，2 番目のブロックを検証データとし，同様に学習と検証を行う．五つのブロックが 1 回ずつ検証データになるように 5 回学習を行い，5 回の精度の平均が最終的な精度評価となる．学習後にテストデータで学習モデルの評価を行う．

　過学習を回避するには，上記のように交差検証によりモデルの精度を確認しながら学習させる他に，モデルを単純化したり，訓練データ数を増やしたりすることが効果的である．

7.4.4　モデルの性能評価指標

　ここからは学習モデルの性能評価の具体的な手法について述べる．最初に，教師あり学習で分類を行う学習モデルの性能を評価する指標を取り上げる．前述したホールドアウト法で訓練データとテストデータに分けたように，学習に用いていなかったテストデータに対してどのくらい予測が正解したかを判定することが，基本的な性能評価である．そのために，テストデー

タに対する予測結果と正解との対応を数え上げてまとめた，混同行列と呼ばれる表を作成する．

　表 7.5 に非常に簡単な混同行列の例を示す．これは，本書の目的とする予測分析に模した，顧客が定期預金をするかどうかという例になっている．「正解」には実際に顧客が取った行動として，「預金した」と「預金しない」という行を設けている．「予測」は学習モデルが予測した結果であり，「預金する」と「預金しない」という列がある．これらの行と列の組合せで，予測結果を真陽性 (TP：True Positive)，真陰性 (TN：True Negative)，偽陽性 (FP：False Positive)，偽陰性 (FN：False Negative) に分類できる．「陽性」と付いている方は反応があるというような解釈で，「陰性」と付いている方では逆に反応がないと一般に解釈するとよいと思われる．先頭に「真」が付いている場合は予測が正解だったことを意味し，「偽」が付いている場合は予測が不正解だったことを意味している．表 7.6 に対しては，

真陽性　預金すると予測し，実際に預金した

真陰性　預金しないと予測し，実際に預金しなかった

偽陽性　預金すると予測したが，実際には預金しなかった

偽陰性　預金しないと予測したが，実際には預金した

に対応する．

表 7.5　混同行列の例

		予測	
		預金する	預金しない
正	預金した	4	0
解	預金しない	1	5

表 7.6　一般的な 2 クラス分類の混同行列

		予測	
		陽性	陰性
正	陽性	TP	FN
解	陰性	FP	TN

　表 7.5 は，一般的な 2 クラス分類の場合の混同行列を示している．表中の TP，TN，FP，FN は，テストデータの中でそれぞれ真陽性，真陰性，偽陽性，偽陰性に当てはまったデータ数を示している．混同行列を用いて，以下のような指標が計算できる．

$$正解率 = \frac{TP + TN}{TP + FN + FP + TN} \tag{7.20}$$

$$適合率 = \frac{TP}{TP + FP} \tag{7.21}$$

$$再現率 = \frac{TP}{TP + FN} \tag{7.22}$$

$$偽陽性率 = \frac{FP}{FP + TN} \tag{7.23}$$

$$真陽性率 = \frac{TP}{TP + FN} \tag{7.24}$$

正解率は予測が正解と一致した割合であり，直感的にはこの値でモデルの評価をするのがよいように思われるが，正解に偏りがあると正しく評価できない場合もある．適合率は精度とも呼ばれ，陽性判定に対する信ぴょう性を示す割合である．再現率は感度とも呼ばれ，正解が陽性であるデータの中で実際に予測できた割合を示す．真陽性率は再現率と同じ定義であり，一方で偽陽性率は正解が陰性であるデータに対し，陽性と判定してしまった割合を示す．

性能のよい学習モデルを構築するためには，間違って陽性と判定する割合は小さく (偽陽性率が小さい)，かつ陽性であるものは正しく陽性と判定する (真陽性率が大きい) ことが望ましいが，この条件を両立させることは困難である．正解率では正しく評価できない場合があるため，トレードオフの関係にある真陽性率と偽陽性率を用いたモデルの評価方法を考える．真陽性率と偽陽性率の式を見て分かるように，FN と FP をバランスよく小さくできれば，真陽性率が 1 に近づき，偽陽性率は 0 に近づくことが分かる．

ここで学習モデルの陽性か陰性かの判断は確率として得られているという前提で，どちらに属するかの判定を決める基準 (閾値) を変化させたときに真陽性率と偽陽性率がどのように変化するかを見てみる．閾値を段階的に変えれば，それに応じて混同行列も変わり，真陽性率と偽陽性率の値も変化する．そして，偽陽性率を横軸に真陽性率を縦軸にして変化した値をプロットして描かれる曲線を，ROC (Receiver Operating Characteristic) 曲線という．そして，ROC 曲線と x 軸 y 軸で囲まれた部分の面積が，AUC (Area Under the Curve) という指標である．AUC は 0 以上 1 以下の値を取り，1 に近いほど学習モデルとして性能がよい．ランダムに判定した場合は，一般的に AUC は 0.5 となるため，AUC が 0.5 を下回る学習モデルは性能が悪いといえる．

次の学習モデルの性能評価手法として，教師あり学習で回帰を行う学習モデルを取り上げる．具体的に表 7.7 に示す例を用いる．表 7.7 の「予測値」は学習モデルにより得られた結果であり，「正解」が元々テストデータにある正しい値である．この学習モデルの精度の評価指標として，MAE (Mean Absolute Error) と RMSE (Root Mean Squared Error) の二つを用いる．MAE は平均絶対誤差であり，予測値と正解の差 (誤差) の絶対値の平均値であり，RMSE は二乗平均平方根誤差で，誤差の 2 乗の平均値の平方根となる．MAE，RMSE ともに数値が小さいほど学習モデルの精度がよいことを表す．表 7.7 に示した例では，MAE = 16.67，RMSE = 18.56 である．RMSE の方が一般的に評価指標として使われることが多いが，MAE は誤差の絶対値なので直感的に理解が容易という特徴がある．また，RMSE は誤差を 2 乗するので，外れ値があった場合に誤差が大きくなりやすいという特徴があるが，外れ値を許容したくない場合には有効な評価指標となり得る．

桁数が異なる数が混在するような場合の評価では，誤差そのものを評価するのではなく，誤差を正解で割った値である誤差率を用いる MAPE (Mean Absolute Percentage Error) が用

表 7.7 回帰予測の精度評価

予測値	300	320	310	360	330	200	180	320	300
正解	290	350	320	350	300	180	190	300	310
絶対誤差	10	30	10	10	30	20	10	20	10
2乗誤差	100	900	100	100	900	400	100	400	100

いられることがある．MAPE は誤差を正解で割った結果の絶対値の平均値を求め，通常は 100 を乗じてパーセント単位で表示する．MAPE は，平均絶対パーセント誤差や平均絶対誤差率と呼ばれ，値が小さいほど学習モデルの精度がよい．表 7.7 の例では，MAPE $= 6.03\%$ となる．

章 末 問 題 7

問 1 決定木とニューラルネットワーク以外の教師あり学習について調べよ．

問 2 教師なし学習，強化学習について調べよ．

第 8 章
データサイエンスの事例

本章では，簡単な事例を用いて図1.5に示すデータサイエンスサイクルの一連の流れをたどってみる．ここでは，ある会社が現在展開しているサービスの解約が最近増加しているということに困っている，という事例を考える．図8.1に示すように，様々なデータから解約をしそうな顧客リストを抽出し，引き留めるためにダイレクトメールを送るなどの対策が必要となる．この対策はデータサイエンスにおいて解約分析と呼ばれ，サブスクリプションサービスのビジネス展開に有効な分析手法である．なお，サブスクリプションサービスとは，音楽聞き放題やマンガ読み放題のように一定期間の定額制でサービスを繰り返し利用できるサービスである．

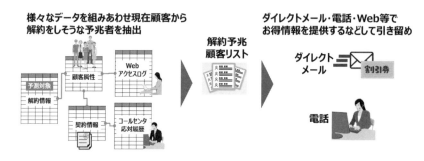

図 8.1　解約分析のイメージ (NTT コムウェア (株) 提供)

8.1　問　題　設　定

まずは，ビジネス課題から問題設定を行わなくてはならない．課題はサービス解約数の増加であり，それに対するソリューションは解約防止する施策を見つけ実行することと考えられる．課題に対してデータサイエンス分析を適用するとなると，問題設定は「機械学習により解約の予兆のある人を抽出し，解約予兆のある人の属性を把握する」ことである．

他にも例えば，今年度のアンケート結果が昨年度の結果より数値的に下がっていたが，偶然かどうか判断できないという課題に対しては，「統計検定により発生した差分が偶然によるものか，有意なものかを算出」するという問題設定ができる．また，次年度の生産計画を決定するために需要の予測が必要という課題に対しては，「過去の需要データに他の業界のトレンドデータや気候データなども用いて学習モデルを作成する」という問題が設定できる．この段階では，実際に課題を抱えている人から関係しそうな事項を引き出したり，その中で優先度を決

めたりするためのコミュニケーション能力が必要である.

　同じような問題であっても，往々にして課題の優先順位が異なったり，外部条件が違ったりするので，臨機応変に対応しなければならない．そのために多彩な解決手法や複眼的なものの見方を身に付けておくと有利であり，これもビジネス力の一つである.

8.2　データ収集

　問題が設定できたら，分析に必要な各データの取得方法を把握し，適切なデータ収集方法を決定する．今回の問題に対しては図 8.2 に示すように，予測対象となる目的変数は解約の有無を示した解約情報であり，それに直接リンクする顧客属性，更にその先に関連付けられる Web のアクセスログや契約情報，コールセンタ応対履歴が必要であると想定できる．実際のデータ収集は，各データの管理部門へ依頼を行う，Web サーバからログデータとして収集する，クローリングやスクレイピングにより外部から取得する，など適切な方法を選択する．このように，分析に利用したいデータから逆算したデータ収集方法の適切な決定が重要である.

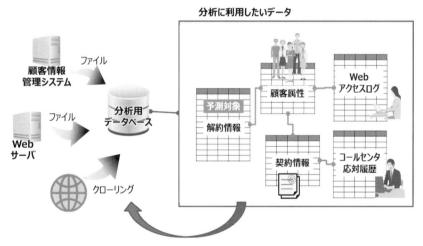

分析に利用したいデータから逆算して取得方法の段取りを行う

図 8.2　データ収集の検討 (NTT コムウェア (株) 提供)

8.3　データエンジニアリング

　収集されたデータに対し，データクレンジングを行う．契約者データの属性には名前，住所，電話番号が含まれているが，入力者によって表記ゆれが往々にしてあるので，それらの統一化を行う．例えば電話番号は市外局番，市内局番，加入者番号の間をハイフンで結んだり，括弧を使ったり，空白が入っていたりと統一されていない可能性があるので，これをどれかに統一する必要がある．また，同じユーザの複数のデータをまとめることもあり，これを名寄せという.

データクレンジングの例を図 8.3 に示す．上の表がデータクレンジング前のデータを示し，下の表がデータクレンジングを施した後のデータである．名前のカラムで一番目と二番目，三番目と四番目はそれぞれ同一の対象であるが，表記ゆれが発生している．住所のカラムの一番目と二番目も同様である．これらを同一のデータとして扱えるように，データクレンジング後では表記が統一されていることが分かる．電話番号のカラムでは，上の表では括弧やハイフンが混在しているため，データクレンジングで括弧，ハイフンを取り除き表記統一を行っている．

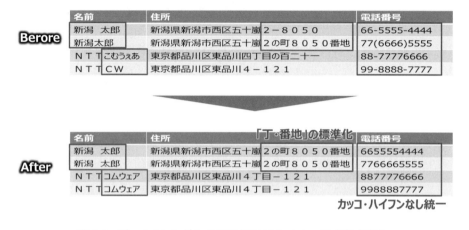

図 8.3　データクレンジングの例 (NTT コムウェア (株) 提供)

8.4　データ分析

データ分析の基本として，基本統計量を求めたり可視化を行うなどの分析を行い，データの中身を把握しておくことが重要である．平均値や中央値，最大値と最小値によるデータの範囲の確認や，欠損値の割合の確認がこれに相当する．また，ヒストグラムや箱ひげ図による直感的理解や，散布図による変数同士の関係性の把握も必要である．この基本的な統計分析や欠損値の割合，データの偏りの確認などを行うことにより，データの中身を把握し理解しておくことがこの後のプロセスにおいても重要になる．

次に，ソリューションにつなげるためのデータ分析を実施する．ここでは，解約予兆を予測する必要があるため，教師あり学習の手法を適用することとし，説明変数から目的変数を予測するモデルを構築する．目的変数は解約情報であり，説明変数として適切なものを選択しなければならない．この説明変数の選択は特徴量設計と呼ばれることもある．特徴量は収集されたデータから選択できればよいが，更にデータ同士の演算により求められる結果を特徴量とする場合もある．

特徴量設計により説明変数を選択した後，学習モデルを構築する．学習モデル構築の具体的な方法はケースバイケースであり，第 7 章に出てきた回帰分析，決定木，ニューラルネットワークのいずれかを用いてもよいし，他の教師あり学習の方法を考えてもよい．必ずしも最初

に適用した手法が最適なモデルとは限らず，予測精度が上がらない場合は現在の説明変数から新たな説明変数を作り出したり，適用方法を変えたりし，学習モデルの精度評価を行いながらよりよいソリューションを探す必要がある．

章末問題 8

問 1　身の回りで，データサイエンスサイクルが適用できる事例を考えよ．

問 2　データサイエンスサイクルの処理の流れの中で，自分自身に向いていると思われる部分はどこか．また，苦手意識があるところはどこか．

第 9 章

データの法的及び倫理的側面

　第1章で，インターネットサービス等を通じて大量の取引データや個人データを収集し，ビジネスにおいて大きな利益を上げている IT プラットフォーマの存在について触れ，データの囲い込みや正当な競争の制限に対して警戒が必要であることを述べた．データ収集，利活用においてコンプライアンス (法令遵守) が求められるが，これは単に法律を守るというだけではなく，社会的良識に沿って行動することも含んでいる．データのもつ意味が大きく変わり，これまでにない使われ方が絶えず生み出されていく中で，法律の整備が後手に回ったり，法の抜け穴があったりする場合もある．このような状況で，データ利活用に関して倫理的かつ社会的な配慮と責任ある行動が求められる．本章では，我が国におけるデータに関係する法律[1]について簡単に述べた後，代表的な国外の事例を紹介し，ビジネスにおいてデータを正しく利用するために必要な倫理について述べる．

9.1　データに関係する法律

　データが著作物とみなされる場合は，そのデータは著作権法により保護される．5.2 節でも触れたが著作権法の規定では，「著作物」は「思想又は感情を創作的に表現したものであって，文芸，学術，美術又は音楽の範囲に属するもの」と定義されている．例えば，自分で撮影して収集した画像データは著作物に相当すると考えられ，無断複製などから守られる対象となる．一方で，著作物の作者自身がデータを流通させたいという意図で利用するのが，5.2 節で述べた CC ライセンスである．

　また，2019 年 1 月 1 日より施行された改正著作権法では，他人の著作物 (画像や音楽などのコンテンツ) を利用する場合であっても，以下の場合は著作権者の同意がなくとも利用が認められることになった．

- 著作物に表現された思想又は感情の享受を目的としない利用 (第 30 条の 4 関係)
- 電子計算機における著作物の利用に付随する利用等 (第 47 条の 4 関係)
- 電子計算機による情報処理及びその結果の提供に付随する軽微利用等 (第 47 条の 5 関係)

しかしながら，IoT を用いて自動的に収集される大量の数値データ (いわゆるビッグデータ) が著作物であるかという基準に関しては更なる検討が必要である．著作権法では，「データベース

---

[1] 本書は法律に関する専門書ではないため，必ずしも正確な法律用語に基づいていないことを御理解いただきたい．

でその情報の選択又は体系的な構成によって創作性を有するものは，著作物として保護する」と，データベースを著作物として保護する規定はある．そのようなデータベースに蓄積されたビッグデータも同様に著作物として保護される可能性もあるが，データベース化される前の生データは著作物と認められないケースも多々あると考えられる．

　データ利活用に関連するもう一つの課題に，個人情報やプライバシーがある．前者に関係する法律は個人情報保護法であり，その中で「個人情報」「個人データ」「保有個人データ」が定義されている．ここで「個人情報」は，生存する個人に関する情報であって，次のいずれかに該当するものをいうと定められている．

1. 当該情報に含まれる氏名，生年月日その他の記述等 (中略) に記載され，若しくは記録され，又は音声，動作その他の方法を用いて表された一切の事項 (中略) により特定の個人を識別することができるもの (他の情報と容易に照合することができ，それにより特定の個人を識別することができることとなるものを含む．)

2. 個人識別符号が含まれるもの

ここで，個人識別符号とは身体の一部の特徴をコンピュータで扱えるように変換した符号か，若しくは，サービス利用や書類において対象者ごとに割り振られる符号のことである．顔画像や指紋，虹彩，あるいは DNA (deoxyribonucleic acid) などをディジタル化したデータは前者に含まれ，旅券番号，基礎年金番号，免許証番号，住民票コード，マイナンバー，各種保険証などをコンピュータで扱えるように符号化したものは後者に含まれる．

　個人情報保護法の対象者は，個人単位の情報をデータベース化して事業の用に供している全ての事業者であり，個人情報を取得する際には利用目的を特定し，通知，又は公表することが義務付けられるなど，個人情報保護法では個人の権利や利益を保護した上で個人情報を有効に活用するためのルールが定められている．この事業者には，自治会や同窓会などの非営利組織も含まれており，様々な社会活動を行っていく上で個人情報に配慮することが求められる．

　更に個人情報保護法において，個人情報をデータベース化したり検索可能な状態にしたものが「個人情報データベース等」と定義され，「個人情報データベース等」を構成する情報が「個人データ」であり，「個人データ」のうち事業者に修正や削除等の権限があるもので，6か月以上保有するものが「保有個人データ」と定められている．

　2017 年より施行された改正個人情報保護法では，個人情報の自由な流通や利活用を促進することを目的に，匿名加工情報という考えが導入された．匿名加工情報とは，特定の個人を識別することができないように個人情報を加工し，当該個人情報を復元できないようにした情報であり，作成方法の基準は個人情報保護委員会規則で定められている．ここで，個人情報保護委員会とは個人情報の保護等を所管する独立性の高い公的機関で，2016 年 1 月に設立されたものである．

　個人情報保護法には「いわゆる 3 年ごと見直し」の規定が設けられており，2020 年 (令和 2年) にこの規定に基づく初めての法改正が行われた．令和 2 年改正個人情報保護法では，個人

情報の保護を図りつつ，より積極的にビッグデータの利活用を促進することを目的として，新たに「仮名加工情報」と「個人関連情報」が定義されている．

仮名加工情報とは，氏名等を削除することにより，他の情報と照合しない限り特定の個人を識別することができないように加工した情報である．仮名加工情報は，他の情報と照合することで特定の個人を識別できるため，可逆的である．匿名加工情報は一定の要件のもと第三者への提供が可能であるが，仮名加工情報は個人情報であるという位置付けであるため，第三者に提供するためには原則として本人の同意が必要である．

個人関連情報とは，生存する個人に関する情報であって，個人情報，仮名加工情報及び匿名加工情報のいずれにも該当しないものと定義されている．一般的に，使用している端末機器のIP アドレス，位置情報，閲覧情報，購買履歴などが該当するとされている．

更に，2021 年 (令和 3 年) に官民を通じた個人情報保護制度の見直し (官民一元化) が実施され，個人情報保護法の改正が行われている．この改正により，民間部門と公的部門とで異なっていた約 2000 の法律と条例が一つの法典となり，監督権限も個人情報保護委員会に一元化された．また，医療及び学術分野の規制を統一するために，国公立の病院や大学等には原則として民間の病院や私立の大学等と同等の規律が適用されることとなった．

個人情報保護法では，プライバシーの保護や取扱いに関する規定は含まれていないが，「個人情報」の適正な取扱いによりプライバシーを含む個人の権利利益の保護を図る目的がある．そもそもプライバシーは「個人の秘密や私事を侵害されない権利」という意味があり，最近は「自分の情報をコントロールできる権利」という意味も含められている．したがって，個人情報の適切な取扱いはプライバシー保護と表裏一体の関係にあるわけである．なお，我が国では「プライバシーマーク制度」が，1998 年から一般財団法人日本情報経済社会推進協会により運営されている．この制度の下，「個人情報」を取り扱う仕組みや手続き，そして運用体制が，決められた基準に適合した事業者には，プライバシーマークの使用が認められる．

2016 年 12 月には，国，自治体，独立行政法人，民間事業者などが管理する官民データを適正に活用することを目的に，官民データ活用推進基本法が施行された．データ活用の具体的な方策の一つが「情報銀行」であり，本人が同意した一定の範囲において，本人が信頼できる事業者に個人情報の第三者提供を委任して，その便益を本人や社会に還元するための仕組みである．より正確には，「情報銀行」が管理するデータは一般にパーソナルデータと呼ばれる．パーソナルデータという用語は実際の法令で定義されてはおらず，個人情報に加えて個人と関係する広範囲の情報全体と解釈されている．今後「情報銀行」に関連するサービスが普及するかどうかは，パーソナルデータの管理の透明性を確保し，サービス利用者が明確なメリットを感じられるかどうかという点が，一つの鍵になると考えられる．

9.2　国外の状況

　データの利活用には，法律の整備と法令遵守の必要性に加え，倫理的かつ社会的配慮が必要である．諸外国では既にこうした課題への政策的，実務的な取組みが実施されつつある．

　米国では，個人情報を積極的に利用して価値を生み出すという考えが強く，収集した個人情報から個人の次の行動を予測して有用な情報を提供するといったサービスが，ビジネスの当たり前の手法として用いられてきた．その結果，膨大な個人データを掌握し得る立場になった巨大 IT プラットフォーマへの警戒感が高まっている．

　欧州連合 (EU：European Union) においても上記の巨大 IT プラットフォーマの個人情報に基づくビジネスが問題視され，個人情報 (データ) の保護という基本的人権の確保を目的とした一般データ保護規則 (GDPR：General Data Protection Regulation) が 2016 年 5 月に発効し，2018 年 5 月から施行されている．GDPR では，EU を含む欧州経済領域 (EEA：European Economic Area) 域内で取得した個人データ (氏名，E メールアドレスなど) を EEA 域外に移転することを原則禁止したものである．

　中国は，サイバーセキュリティを強化するために制定した法令として「サイバーセキュリティ法」を 2016 年 11 月に公布，2017 年 6 月から施行している．この法律は，ネットワーク上でのデータや個人情報の取扱いなどを，国家安全や個人情報保護の観点から規制するものとなっている．例えば，中国国内で収集，発生した「個人情報」及び「重要データ」は中国国内に保存されることを義務付けており，国外に提供する必要がある場合は規則に従って安全評価を行わなければならないとされている．

　また，中国では政府主導で国民の信用レベルを計測し，社会的な不正を減らすことにより，健全な社会システムを築こうという取組み「社会信用システム構築計画」を進めている．これに伴い，IT プラットフォームを運用する企業は，決済システムの利用，ネットショッピングの利用状況，公共料金や金融の利用などから，個人特性，支払い能力，返済履歴，人脈，素行といった五つの要素から信用スコアを個人ごとに付与している．そして，高い信用スコアのユーザは様々なサービスでメリットを享受できるようになっている．中国では個人の信用の数値化に対してあまり抵抗感はないようである．他の国でも信用スコアが普及するかどうかは，個人情報の厳格な管理や信用スコアの算出方法の透明性がより必要であると考えられる．

9.3　個人データ活用と倫理

　これまで個人データやプライバシーは情報流出や悪用の問題に焦点が当てられることが多く，過度な保護に向かう傾向が強かったように思われる．近年は，個人データを保護しつつ活用を図ることが考えられ，その一つの例が前述した「情報銀行」になる．ディジタル社会においてデータの価値を最大限に高めるために，ICT を駆使していくことが必要と考えられる．一方

で，最終的にデータを提供する側も利用する側も人であるので，互いの信頼関係が結ばれていることが健全な社会には重要なことであろう．例えば，個人の履歴などの情報の収集にあたっては，原則として本人からの事前同意が必要であるが，同意する前に提示される利用規約の内容をユーザ側がよく読んでいないなどの落ち度があったり，利用規約の文字が小さかったり不必要に長文であったりと情報を収集する側に問題があることもある．社会全般においてデータに関するリテラシーを高め，適切に個人情報が活用されるように，倫理面での意識向上が今後ますます必要となってくると考えられる．

章 末 問 題 9

問 1　「個人情報」「プライバシー」「パーソナルデータ」の中で，法令で定義されているものはどれか．

問 2　2023 年に EU 内で暫定的な政治合意が得られた，いわゆる AI 法案に関して調べよ．

章末問題解答

第 1 章

問 1 独自に調査していただきたい.

問 2 本文中にも出てきた, 一般社団法人データサイエンティスト協会の Web サイトなどを参考にするとよい.

第 2 章

問 1 (a) 名義尺度, (b) 比例尺度, (c) 順序尺度, (d) 比例尺度, (e) 間隔尺度, (f) 名義尺度, (g) 比例尺度

問 2 1 画素には R, G, B 各 8 ビット割り当てられるとすると, $(1,440 \times 1,080 \times 24 \times 30 \times 60 \times 60) \div 8 = 503.8848 \times 109$ (バイト) となる. 8 で割っているのは単位をビットからバイトにするためである. 更に単位を分かりやすくするため 1,024 で割っていく. $503.8848 \times 109 \div 1,024 \div 1,024 \div 1,024 \fallingdotseq 469.3$ (ギガバイト $=$ GB).

第 3 章

問 1 $1 + \log 2500 \fallingdotseq 9.97$ であるから, 階級数は 10 とするのが適切である.

問 2 平均値 403.8, 分散 74339, 標準偏差 272.7

第 4 章

問 1 「ファイル」タブを開き,「ブックの保護」のプルダウンメニューの中から「パスワードを使用して暗号化」を選択するとパスワードの設定ができる.

問 2 $=$ ROUND(12.345678,2)

第 5 章

問 1 クリエイティブ・コモンズ・ジャパンの Web ページに活用事例が紹介されている.

問 2 各自治体の Web ページなどを閲覧し, 確認していただきたい.

第 6 章

問 1 MongoDB はドキュメントタイプに分類され, JSON 形式でデータの保存に向いている.

問 2 (a) データ統合, (b) データクレンジング, (c) データ変換

第 7 章

問 1 本文中で名前を挙げたサポートベクターマシン以外に，ロジスティック回帰，k 近傍法，ナイーブ・ベイズなどがある．

問 2 人工知能の専門書などを参照するとよい．

第 8 章

問 1 例えば，賞品の売り上げを伸ばすことが目的であるマーケティングの分野で，仮説を立てながら目標達成に近づけるための戦略を立てていくことがあり，このような場合にも適用できる．

問 2 図 1.5 を参照したり，第 8 章の各章を読んだりして，自分自身の得手不得手を考えてもらいたい．

第 9 章

問 1 「個人情報」のみが個人情報保護法で定義されている．

問 2 EU 域内で使用される AI のシステムが，安全で基本的権利や EU の価値を尊重することを目的としたもので，違反した企業に罰金を科すことも定められている．

索　　　引

著　者

山﨑 達也　　新潟大学工学部

理系なら知っておきたい
データサイエンスのエッセンス

2024 年 3 月 5 日　　第 1 版　第 1 刷　印刷
2024 年 3 月 15 日　　第 1 版　第 1 刷　発行

著　　者　　山﨑 達也
発 行 者　　発田和子
発 行 所　　株式会社 学術図書出版社

〒113-0033　　東京都文京区本郷 5 丁目 4-6
TEL 03-3811-0889　　振替 00110-4-28454
印刷　中央印刷（株）

定価はカバーに表示してあります.

本書の一部または全部を無断で複写（コピー）・複製・転
載することは，著作権法でみとめられた場合を除き，著作
者および出版社の権利の侵害となります．あらかじめ，小
社に許諾を求めて下さい.

Ⓒ T. YAMAZAKI　2024
Printed in Japan
ISBN978-4-7806-1248-6　　C3040